新农村建设丛书

农村富余劳动力转移培训教材

数控车床工实用技术（下）

郎一民　主编

吉林出版集团股份有限公司
吉 林 科 学 技 术 出 版 社

图书在版编目（CIP）数据

数控车床工实用技术（下）/郎一民主编. —长春：吉林出版集团股份有限公司，2008.8
（新农村建设丛书．农村富余劳动力转移培训教材）
ISBN 978-7-80762-234-5

Ⅰ. 数…　Ⅱ. 郎…　Ⅲ. 数控机床：车床—技术培训—教材
Ⅳ. TG519.1

中国版本图书馆 CIP 数据核字（2008）第 135996 号

数控车床工实用技术（下）
SHUKONG CHECHUANGGONG SHIYONG JISHU (XIA)
主编　郎一民
责任编辑　沈　航
出版发行　吉林出版集团股份有限公司　吉林科学技术出版社
印刷　三河市祥宏印务有限公司
版次　2008 年 10 月第 1 版　　2019 年 8 月第 7 次印刷
开本　850mm×1168mm　1/32　　印张　4.5　字数　112 千
书号　ISBN 978-7-80762-234-5　　定价　18.00 元
地址　长春市人民大街 4646 号　　邮编　130021
电话　0431—85661172　　传真　0431—85618721
电子邮箱　xnc408@163.com

《新农村建设丛书》编委会

数控车床工实用技术（下）

主　编　郎一民

编　者　郎一民　李又李　石丽霞

出版说明

《新农村建设丛书》是一套针对“农家书屋”“阳光工程”“春风工程”专门编写的丛书，是吉林出版集团组织多家科研院所及千余位农业专家和涉农学科学者倾力打造的精品工程。

丛书内容编写突出科学性、实用性和通俗性，开本、装帧、定价强调适合农村特点，做到让农民买得起，看得懂，用得上。希望本书能够成为一套社会主义新农村建设的指导用书，成为一套指导农民增产增收、脱贫致富、提高自身文化素质、更新观念的学习资料，成为农民的良师益友。

目　　录

课题一　数控车床的基本操作

第一节　数控车床编辑面板与控制面板操作简介

要正确掌握数控机床的操作，不仅需要懂得数控机床编程的基本原理，更需熟练掌握其各种操作内容和基本方法，只有这样才能更好地完成对零件的加工。各种数控机床全部操作都是通过机床操作面板上的按键及旋钮，在手动操作、程序编辑、自动运行、MDI运行、参数设置、图形模拟等工作方式下完成的。下面以典型的FANUC 0i－TC系统为例介绍其编辑面板和控制面板的操作过程。

一、FANUC 0i－TC数控车床编辑面板的基本组成

如图1-1所示。

数控系统编辑面板是由CRT显示器和MDI键盘两部分组成。CRT显示器可以显示机床的各种参数和功能，如机床参考点坐标、刀具起始点坐标、指令数据、刀具补偿量的数据、报警信号、自诊断结果、滑板快速移动的速度及间隙补偿值等。MDI操作面板由地址/数字键区、功能键区、程序编辑键区、功能键区、光标页面区及复位键、切换键、CAN取消键、输入键、帮助键等组成。

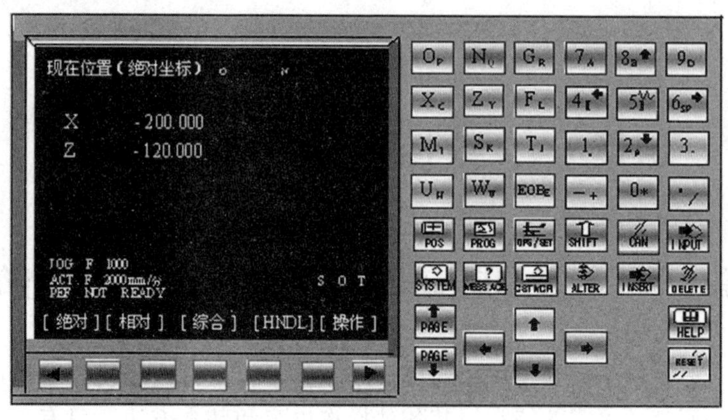

图 1-1 FANUC 0i —TC 数控系统编辑面板

二、FANUC 0i—TC 数控车床编辑面板各键的作用及使用方法

编辑面板上按键可分为功能键区和软键区。功能键用来选择将要显示的屏幕界面。按下功能键之后再按下与屏幕文字相对的软键，就可以选择与所选功能键相关的界面。软键共 7 个，在选择时分别与屏幕显示定义软键对应。

各键的位置如图 1-1 所示，编辑面板上各按键功能说明、名称及作用具体见表 1-1。

表 1-1 FANUC 0i—TC 数控系统编辑面板功能键

名 称	按键示意图	功能说明
软键		中间 5 个分别与屏幕显示定义软键对应 菜单返回键 菜单继续键
光标移动键		➡右移或前进方向移动 ⬅左移或倒退方向移动 ⬆上移或倒退方向移动 ⬇下移或前进方向移动

续表

名　称	按键示意图	功能说明
编辑键		ALTER 键：替换当前字符 INSERT 键：插入字符 DELETE 键：删除整段程序
功能键		POS 键：按此键显示位置界面 PROG 键：按此键显示程序界面 OPS/SET 键：按此键显示刀偏/设置界面 SYSTEM 键：按此键显示系统界面 MESSAGE 键：按此键显示信息界面 CUSTOM GRAPH 键：按此键显示会话式宏界面/模拟刀具轨迹界面
地址/数字键		这些键（共 24 组）可输入字母、数字及字符
翻页键		箭头向上的为向前翻一页 箭头向下的为向后翻一页
取消键		删除已输入缓冲器的最后一个字符或符号
输入键		数据输入到寄存器中，并在屏幕上显示出来
切换键		对于键上有两个字符的，按此键可相互切换
帮助键		对于操作存在疑问的，按此键可获得帮助
复位键		按此键可使 CNC 复位，以消除报警

三、CAK6136/750 数控车床控制面板的基本组成

如图 1-2 所示。

数控系统控制面板是由机床生产厂家配合数控系统自主设计制造的。不同的生产厂家生产的数控面板是各不相同的，甚至同一生产厂家不同的生产批次也有所不同。

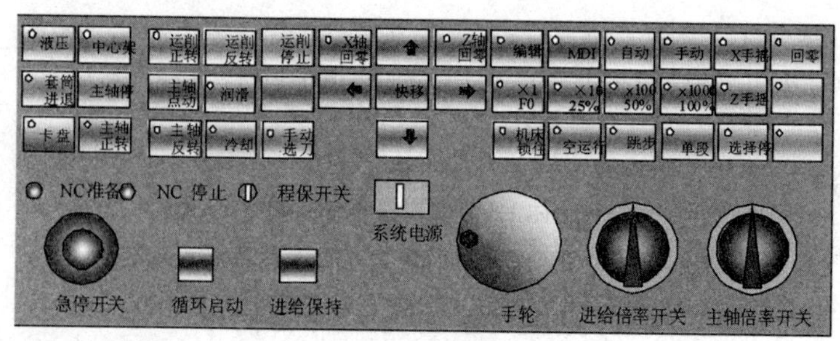

图 1-2　CAK6136/750 数控系统控制面板示意

四、数控车床控制面板各主要功能键与旋钮的功能

见表 1-2 所示。

表 1-2　CAK6136/750 数控系统控制面板功能键

名　　称	功　　能
系统电源按钮	按此键数秒后，荧光屏出现显示，表示机床控制系统已接通电源
急停开关	当遇到紧急情况，按下急停按钮，机床可紧急停止
写保护开关	开关钥匙打开，用户加工程序可以进行修改编辑，关闭则程序写保护
主轴倍率开关	此开关在任何工作状态下均可以调整主轴的转速，使之按主轴的调整范围 50%～120%的倍率发生变化
进给倍率开关	刀架进行自动进给时调整进给倍率，在 0%～120%调节
循环启动	按此键使采用编辑及手动方式输入数控系统内的程序被自动执行，在执行程序时，该键内的指示灯亮，执行完毕后指示灯灭
进给保持	当机床在自动循环操作过程中按此键，刀架运动将被立即停止，主轴保持转动状态，这时循环启动指示灯灭、进给保持指示灯亮，循环启动键可消除进给保持状态，使机床继续工作

续表

名　称	功　能
手轮倍率×1、×10、×100	手摇方式下，通过选择手轮相应的倍率，来控制机床刀架移动的快慢，并配合增量方式，通过3个挡位变换，从而控制机床在+X、-X、+Z、-Z方向的进给当量。×1对应0.001mm、×10对应0.01mm、×100对应0.1mm
快速进给倍率F0、25%、50%、100%	加工中刀具的快速走刀进给，是按程序中指定进给量乘以相应的进给率运行
MDI	手动数据输入方式，一般情况下“MDI”方式是用来进行单段程序的输入，并按循环启动控制机床执行
编辑	编辑零件加工程序
自动	程序自动运行方式
手动	按此键指示灯亮，进入手动，可进行X轴、Z轴连续移动
回零	机床回零方式，长按+X、+Z按键不松手，指示灯亮表示回零结束
X手摇、Z手摇	按下X手摇或Z手摇按键指示灯亮，再用手轮控制X、Z向移动，速度可由手轮倍率×1、×10、×100进行调节
机床锁住	执行加工程序时，机床不移动，但显示器上各轴位置在变化
单段	程序每执行一段即停止，再按一下循环启动又执行下一行程序段
快速	当此按键与点动按键同时按下时，刀架按快速移动指令G00代码所规定的速度和运动方向运行
跳步	当执行到前面带有“/”的程序段时将跳开此段程序向下运行
空运行	不夹零件时，检查机床刀架的运行情况
方向键“←”“→”“↑”“↓”	此键配合手动键、快速键可进行刀架的方向移动

第二节　数控车床操作面板的使用

一、控制面板主要手动操作方式

数控机床手动操作主要包括：机床的启动与关闭、机床手动回参考点、刀架手动进给、手摇脉冲移动刀架等项内容。

1. 机床的启动与关闭　数控机床的启动与普通机床相似，机床上电前首先检查外部情况、冷却润滑状态、急停开关是否关闭等无误后，按照上电顺序先打开电源开关➡打开系统电源➡打开急停按扭（电源启动后，该系统会显示液压报警信息，如图 1-3 所示，这是因为液压泵工作要人工开启）➡按下液压按键（液压泵启动后，报警消除，进入正常界面，如图 1-4 所示）。操作者须对显示器所显示的内容及机床各种工作状态指示灯做进一步的检查，然后进行下一步的操作，对于绝大多数机床，其主轴还须低速运行 10 分钟左右，以提高设备运行的稳定性。

数控机床的关闭，按照先系统后机床的顺序关机，即先关闭急停按键再关闭电源。

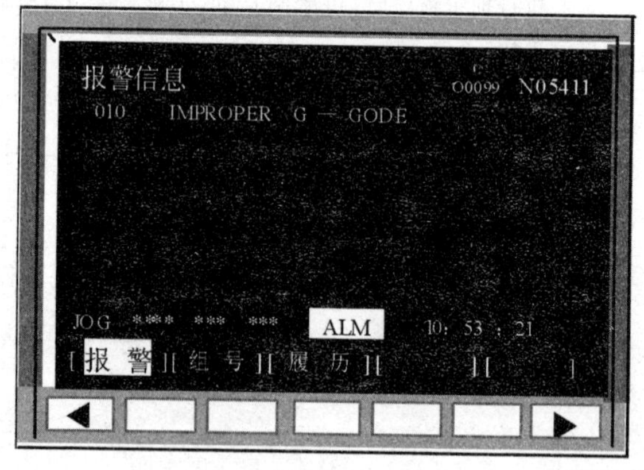

图 1-3　报警界面

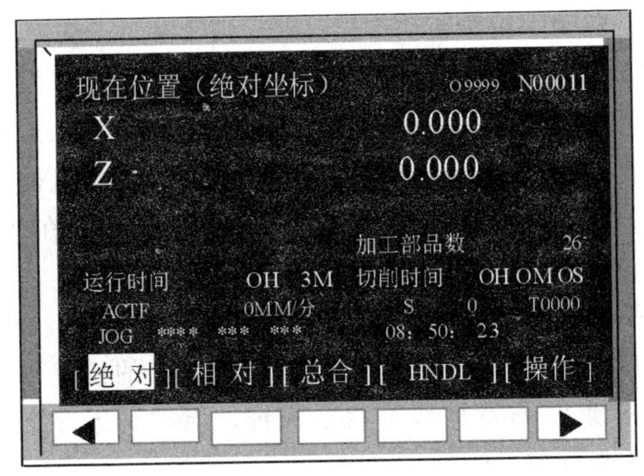

图 1-4 正常机位置界面

2. 机床手动回参考点　由于该系统装置采用增量式检测反馈装置，没有绝对测量参考点，所以开机后机床必须回参考点，从而确定测量起点。通常情况下手动将系统控制面板的回零按键按下（回零灯亮），按住+*X*方向键、+*Z*方向键，此时所选的两个坐标轴将进行回零刀架移动。相应操作面板上的坐标轴回零指示灯亮后说明回零完成，同时显示器上的坐标显示出机床回零坐标值（回零操作时刀具以快速移动速度运动为宜）。

3. 刀架手动连续进给　按下手动按键同时指示灯亮，系统将处于连续点动运行方式。使用机床控制面板上的进给倍率开关可以修调进给速度。根据需要移动的方向，按坐标轴面板中相应的方向键。

4. 手轮（手摇脉冲发生器）进给　将工作方式选定手摇方式➡*X*手摇或*Z*手摇➡调节手摇倍率×1、×10、×100其中任意一个➡转动手摇脉冲发生器，可进行坐标轴的连续移动。手摇脉冲发生器旋转一个刻度时，刀具移动的最小距离等于最小输入增量单位，如该系统的最小增量是0.001mm，移动量可按每摇一个刻度，刀台走0.001mm计算，刀台的前后、左右移动可转动手摇的顺、逆即可。

注意：转动手轮时转动不能过快，以不超过 5r/s 为宜。

5. 电动刀架手动控制选刀　电动刀架可通过 T 码自动转位选刀，也可以利用按键手动选刀，手动时，在点动状态下按手动选刀按键，刀架按一个方向转过一个工位，并在最近的一个工位停止并锁紧，如继续按下不松开，刀架始终转位。在 MDI 方式下，手动转位失效。

二、手动数据输入方式（MDI 方式）

在 MDI 运行方式下，用 MDI 编辑面板上的按键，在程序显示界面可编制 10 行程序段，然后执行，但它只运行简单的测试操作，具体步骤如下。

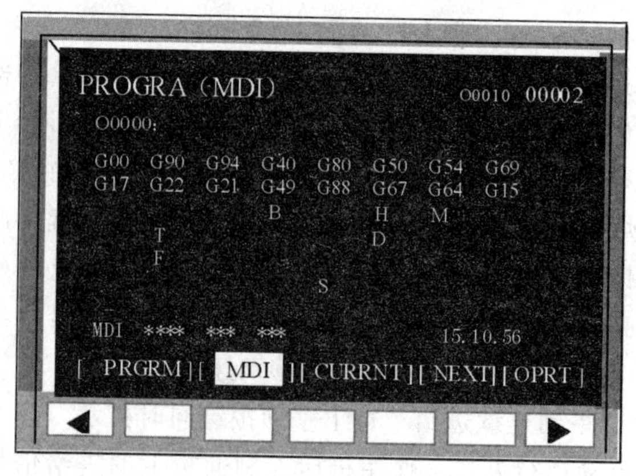

图 1-5　程序界面

1. 将机床编辑面板的 MDI 按键按下，指示灯亮。

2. 按编辑面板上的 PROG 功能键，这时出现图 1-5 界面；自动输入程序号 O0000。

3. 在 MDI 方式中建立的程序，字的插入、修改、删除，字检索，地址检索以及程序检索都是有效的。

4. 为了删除 MDI 方式中建立的程序，可使用下述任意方法：

（1）输入地址 O××××，然后按 DELETE 键。

（2）按 RESET 键删除输入的程序。

5. 为了执行程序，须将光标移动到程序头或中间一个要删除的位置。按操作面板上的循环启动按钮，于是程序开始执行。当执行到程序结束时，该程序将自动删除，而且运行结束。

6. 停止 MDI 运行，可按机床控制面板上的进给暂停按键，进给暂停灯亮而循环启动灯灭，终止 MDI 运行，可按机床控制面板上 RESET 键，自动运行结束并进入复位状态。当在移动期间复位时，移动减速然后停止。

三、程序编辑方式

程序编辑是数控机床操作中经常用到的，主要包括新程序的建立、程序的检索、字的插入、修改、删除和替换等编辑方式。编辑操作还包括整个程序的删除和自动插入顺序号等。

在编辑功能操作中，主要包括编辑功能区各键，地址/数字键区各键和切换键等功能键的使用和相应的功能操作。

1. 程序的创建步骤

(1) 进入 EDIT 方式。

(2) 按 PROG 键显示程式（PROGRAM）界面。如果有储存的程序，按软键则显示当前选择的程序如图 1-6 所示，表示已登录程序数量 2 个，剩余数量 55 个；已用磁盘空间 3 090；已储存的程序号 0010、0020。

(3) 按 PROG 键显示程式（PROGRAM）界面。若无储存的程序，则显示当前选择的程序如图 1-7 所示，这时须输入新的加工程序。

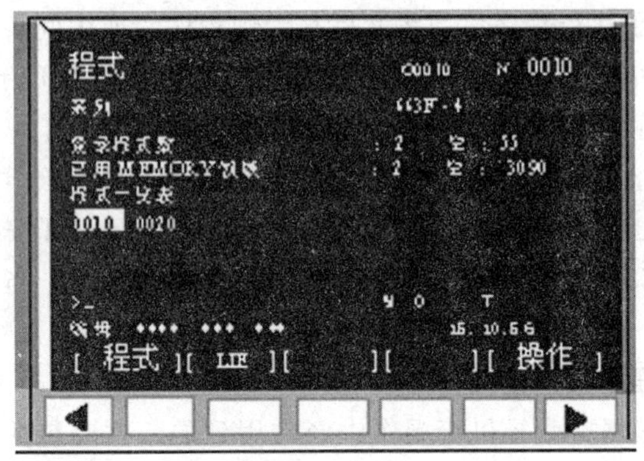

图 1-6　有显示存储内容界面

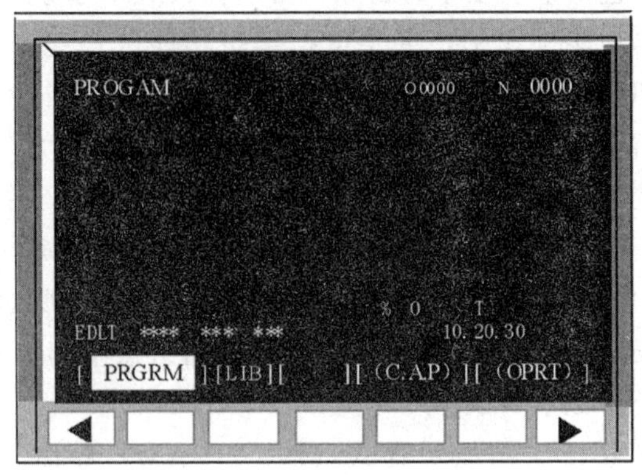

图 1-7　无显示存储内容界面

录入步骤：

按地址键“O”并输入欲储存的程序号，如“O0122”➡按 INSERT 键，这就储存了一个新的程序号 O0122➡在操作面板上依次输入程序的内容即可，每输入一个程序语句后按回车键 E_OB_E 键换行表示语句的结束➡按 INSERT 键将该语句输入。

2. 字的检索　在程序文本中移动光标（扫描）可以进行字检索或地址检索。

程序扫描的步骤：

（1）按光标移动键时，光标在屏幕上向前逐字移动，光标在选择字处被检索。持续按不松手则连续扫描。

（2）按光标移动键时，光标在屏幕上往后逐字移动，光标在选择字处被检索。持续按不松手则连续扫描。

（3）按光标移动键时，光标在下一个程序段的第一个字处被检索。持续按不松手则移动到尾。

（4）按光标移动键时，光标在前一个程序段的第一个字处被检索。持续按不松手则移动到程序开头。

（5）按翻页键时，显示下一页并检索到该页的第一个字，持续按则一页接一页显示。

（6）按翻页键时，显示上一页并检索到该页的第一个字，持续按则一页接一页显示。

3. 编辑程序

（1）程序号检索　当存储器中存有若干个程序时，程序可以检索。

检索步骤：

选择 EDIT 或 MEMORY 方式➡按 PROG 显示程序界面➡键入地址“O”及要检索的程序号➡按 OSRH 键（或按 OSRH 键，此时目录中的下一个程序被检索）。

检索操作完成以后，在屏幕的右上角显示出被检索的程序号，若没有找到则产生 P/S 报警 71 号。

（2）字的插入、修改和删除

字插入的步骤：

将光标移动键移动到要插入字的前一个的位置，如“Z-10.0”的位置➡键入“Z-100.0”➡按 INSERT 键完成插入。

修改字的步骤：

方法一　检索或扫描要修改的字➡键入要插入的地址➡键入数据➡按 ALTER 键。

方法二　将光标移动键移动到检索字，如“Z-32.0”的位置

➡字修改，如改成“如 Z-30.0”

删除字的步骤：

检索或扫描要删除的字➡按 DELETE 键。

删除一个程序段的步骤：

检索或扫描要删除程序段的地址 N➡按 E_OB_E 键➡按 DELETE 键。

删除多个程序段的步骤：

检索或扫描要删除部分的第一个程序段的字➡键入地址“N”➡键入要删除部分的最后一个程序段的顺序号➡按 DELETE 键。

(3) 指针指向程序头的步骤　将光标放在程序的起始位置，此功能称为指针指向程序头。

方法一　在 EDIT 方式下选择程序界面时➡按 RESET 复位键（在执行该程序时将从程序头开始）。

方法二　选择 EDIT 或 MEMORY 方式➡按 PROG 键➡按[OPRT] 键➡按 REWIND 键。

4. 图形模拟显示　在零件加工前可以通过图形模拟功能在界面上显示程序的刀具轨迹，通过观察屏幕上的轨迹来检查加工走刀的过程，但不能检查零件尺寸的正误。图形可以放大/缩小，但在显示刀具轨迹前必须设定好界面坐标参数和绘图参数。

按 CUSTOM GRAPH 显示会话式宏界面/模拟刀具轨迹界面键，显示界面如图 1-8 所示（若不显示该界面，按软键 [参数]）➡将光标键移动到所需设定的参数处➡输入数据➡按 INPUT 键（再设定其他参数的重复此过程）➡按软键 [图形] 键➡按下软键 [EXEC] 键，于是在界面上开始模拟刀具的运动轨迹，如图 1-9 所示，并且图形可整体或局部放大，具体如下：

按 CUSTOM GRAPH 键➡按软键 [放大] 以显示放大图形，放大界面有两个放大光标（■），用两个放大光标定义的对角线的矩形区域将放大到整个界面➡按软键 [上/下]，激活放大光标，激活后的放大光标会闪烁不停，用光标移动键移动放大光标。

若使原来的图形消失，按 ERASE 键。

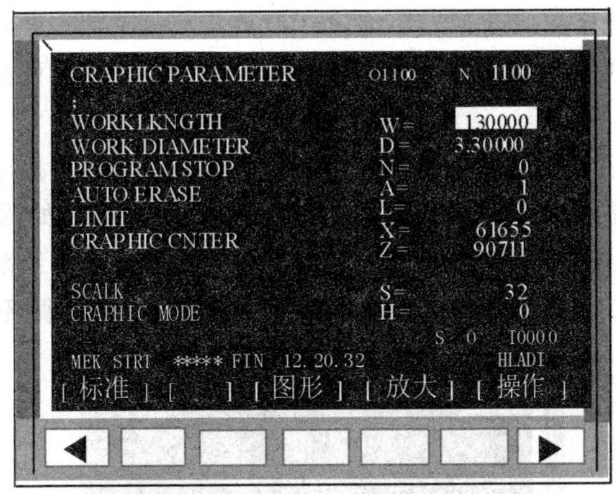

图 1-8 图形模拟参数界面

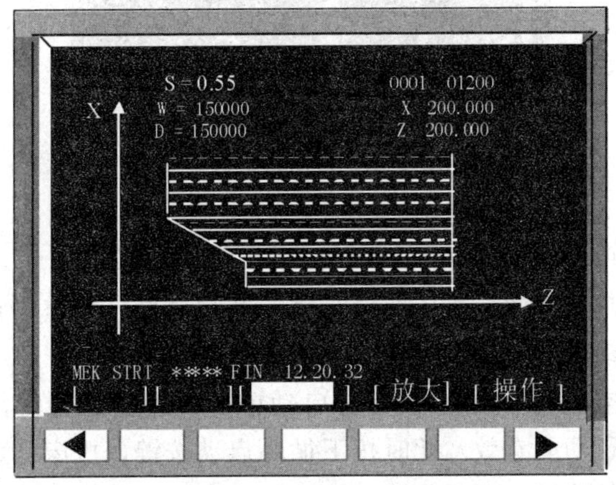

图 1-9 图形模拟界面

一般较为先进的数控机床都有图形显示功能，当输入程序后，可以调用图形模拟显示功能，详细地观察刀具的运动轨迹，以便检查刀具与工件或夹具是否有可能碰撞。

四、自动运行加工操作

数控车床在启动、程序编辑、刀具安装、工件安装找正、对刀等一系列操作后，便可进入自动加工状态，完成工件最终的实际切削加工。

1. 自动运行的启动　按 PROG 键输入要运行的程序号，检索加工程序➡按 RESET 复位键光标指向程序开头（如图 1-10 所示）➡按自动加工（或单段、空运行、跳步等）按键系统便进入自动运行方式中的一种或多种➡按循环启动键（启动循环运行）。

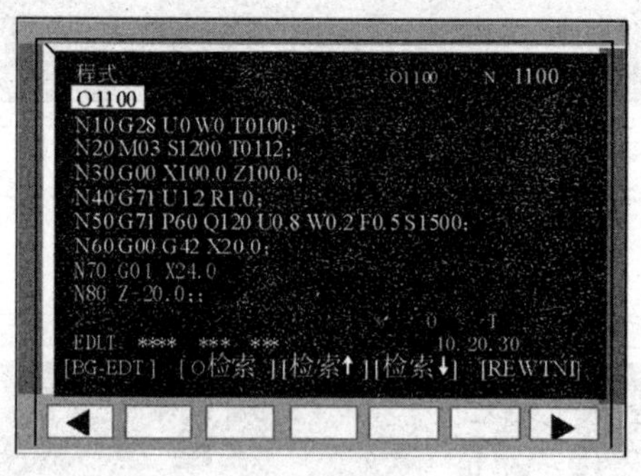

图 1-10　自动运行界面

2. 自动运行中的操作

（1）单段运行　在自动运行中，按下单段运行键，指示灯亮，单段功能有效，机床在执行完一个程序段后减速停止，再次按循环启动按键后机床继续运行下一个程序段。

（2）空运行　在循环运行启动前，按下空运行键，指示灯亮，空运行功能有效，此时按下循环启动按键，机床将忽略程序指定的进给速度，以系统设定的进给速度运行程序，此功能常与机床锁住功能一起用于程序的校验。

利用机床的空运行功能可以检查走刀轨迹的正确性。当程序输入机床后，可以装上刀具或工件，然后按下空运行按钮，按程序轨迹自动运行。

（3）机床锁住　在循环运行启动前，按下机床锁住键，指示灯亮，锁住功能有效，机床可以在刀架不移动但机床主轴运转的情况下，显示器显示程序中坐标变化来运行程序，以校验程序是否正确。机床锁住解开后注意一定要重新进行回零操作，否则将发生意想不到的后果。

（4）跳步运行　在循环运行启动后机床自动运行过程中，按下跳步按键，指示灯亮，跳步功能有效，这时运行程序中若有带“/”标记的程序段将不执行，也不能进入缓冲寄存器，程序执行转到跳步程序段的下一段，即无“/”标记的程序段继续运行。

（5）机床倍率的调整　机床在自动运行过程中，可以利用主轴倍率开关修调主轴转速及利用进给倍率开关修调进给速度。

（6）选择停　机床在自动运行过程中，按下选择停按键，指示灯亮，选择停功能有效，此时程序中有 M01（选择停）指令时，机床将停止工作，若要继续运行应再按循环启动按键。

五、安全功能操作

为了防止以外发生要立即停止机床运行时，可以按急停按钮，这时主轴马上停转紧急刹车，当急停按钮按下后，机床被锁住，电机电源被切断。故障因素解除以后应将急停按钮复位，机床必须重新回零。

当机床移动到工作区间以外时，限位开关被压住，系统将出现超程报警，此时机床处于报警状态而不能工作。FANUC0i 数控系统具有软件超程保护和硬件超程保护两种保护功能。其中软件超程保护必须使机床重新回零才有效。

解除软件超程过程：

（1）将状态开关置于手动状态。

（2）同时按与超程方向相反的点动按钮或用手摇脉冲发生器向相反的方向转动，使机床脱离极限位置而回到工作区间。

（3）按 RESET 复位键可使机床解除报警状态，这时机床可正常工作。

六、其他辅助功能操作

1. 冷却控制　机床自动工作时，手动按键按下，指示灯亮，冷却功能有效，再按则停止。在程序中若给出冷却液开指令M08，则冷却指示灯亮，冷却功能有效；若给出冷却液关指令M09，则冷却指示灯灭，冷却功能无效。

2. 数据保护　为了防止系统内程序被改动、删掉，用户可以用自己保护。当在“0”状态时，程序保护有效；当在“1”状态时，程序保护无效，这时即可以对加工程序进行修改编辑。

3. 导轨润滑　此键有手动和自动两种状态：自动时，系统上电后，机床自动间歇润滑，直到系统断电为止；手动时，按下此键指示灯亮，导轨润滑。

4. 机床关机　先按下控制面板上“急停”按钮，断开伺服电源后，再断开数控或机床电源，否则将会增加设备的电流冲击，降低系统的寿命。

七、注意事项

快速点定位的速度是各轴的最高速度，由机床生产厂家来限定，但可借助机床控制面板上的倍率调整按键，可在一定范围内进行倍率修调，当执行攻丝循环、螺纹切削时进给倍率开关失效，进给倍率固定在100%。在数控车削加工中一般采用每转进给模式，只有在用动力刀具时，才采用每分钟进给模式。在每转进给模式，当主轴速度较低时会出现进给率波动。主轴转速越低，波动发生越频繁。

课题训练

1. 简述一种数控机床的回零过程。
2. 简述数控机床开机与关机的顺序，首先应进行何种操作？
3. 数控机床在哪些情况下要进行回参考点操作？
4. FANUC 0i 数控系统自动方式下可完成机床的哪些操作？

课题二　数控车床的对刀操作

普通数控车床一般均采用四刀位自动回转刀架，装夹刀具须调整刀尖与主轴中心线等高，调整办法用顶尖法或试切法，刀杆伸出长度应为刀杆厚度的1.5～2倍。

装刀具与夹工件一般原则：

一、对于车外轮廓

一号刀位装外圆粗车刀，二号刀位装外圆精车刀，三号刀位装切槽（切断）刀，四号刀位装螺纹刀（若粗、精车共用一把外圆车刀，四号位可装夹45°端面车刀）。

二、对于车内腔零件

一号刀位装粗内镗刀，二号刀位装精内镗刀，三号刀位装内切槽刀，四号刀位装内螺纹刀（若粗、精镗共用一把内镗刀，四号位可装夹45°端面车刀）。

数控车床一般均采用三爪自动定心卡盘，工件的装夹、找正与普通车床基本相同，对于圆棒料在装夹时应水平放置在卡盘的卡爪中，并经校正后旋紧卡盘的扳手，工件夹紧找正随即完成。

第一节　采用工件坐标系设定方式对刀

对刀操作也称为刀偏量的设置。数控车床常用的对刀方法有3种形式：试切对刀、机械对刀仪对刀和光学对刀仪对刀，这里仅介绍常用的试切对刀。

试切对刀也可以分为3种形式：G50方式、G54～G59方式和T指令方式。

加工一个零件往往需要几把不同的刀具，而每把刀具在机床刀架上都是随机装夹的，所以在刀架转位调刀时，刀尖所处的位置是不相同的，但系统要求在加工一个零件时，无论是调哪一把刀，其进给走刀道路线都应严格按照编程所设定的刀号轨迹运行。这样无论哪一种我们都需要对每一把刀具进行外圆试切和端面试切，若用 T 指令则按刀号分别将其值输入到刀偏表中。

若用 G54～G59，则要将计算后的零点数据的偏置输入到系统中并储存记忆，这一过程称为对刀。

一、采用工件坐标系 G50 对刀方式

1. 对刀原理　采用工件坐标系设定方式 G50 X100 Z40；程序段对刀时，必须通过调整机床刀架，将刀尖放在程序所要求的起刀点位置（100，100）上。因为系统在执行该程序段时，刀是不动的，是以当前点为起点，在移动刀具时可以使用 MDI 方式操作。

2. 对刀方法及过程

（1）工件坐标系原点设定在工件前端面与主轴中心线交汇点上。

（2）返回参考点，建立机床坐标系。

（3）试切外径并测量，如图 2-1 所示。

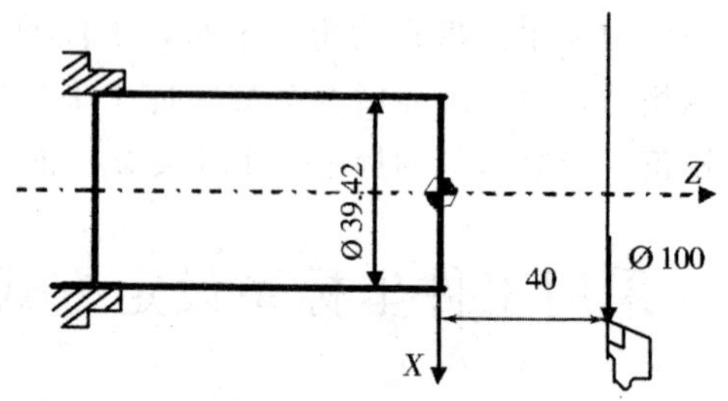

图 2-1　坐标系的偏置

计算坐标增量，以程序段 G50 X100 Z40；为例，用外圆刀在工件外圆试切一刀，沿 Z 轴的正方向退刀，用千分尺测量工件直径，如为 ϕ39.42 计算刀尖当前位置移动到起刀点位置所需的距离为 $X=100-39.42=60.58$。此时，用增量方式将刀尖在当前

位置沿 X 正方向退 60.58mm 的距离，并记录下 CRT 显示“机床实际坐标”一栏“X”值即－76.164。

在工件右端面试切一刀，沿 X 轴的正方向退刀，并记录下 CRT 显示“机床实际坐标”一栏“Z”值，如“－395.255”计算刀尖当前位置移动到起刀点位置所需的距离为：Z＝－395.255＋40＝－355.255。

3. 对刀操作　根据算出的坐标增量，用手摇脉冲发生器或增量方式移动刀具使之移动到显示机床实际坐标（－76.164，－355.255）值的位置上。

4. 建立工件坐标系　当前刀尖所处的位置在机床坐标系下的值为（－76.164，－355.255），这点与当前刀尖在工件坐标系中的值（100，40）是同一点。这时若执行程序段 G50 X100 Z40 时，则数控系统用新的工件坐标系坐标值取代了机床坐标系坐标值。设定工件坐标系偏置量的步骤如下：

按 OPS/SET 键➡连续按菜单扩展键两次，这时显示如图 2-2 刀偏量/设置界面➡按［工件移］软键➡将光标置于坐标系需要偏置的轴上（图 2-2）➡输入偏置量并按下软键［INPUT］即可。

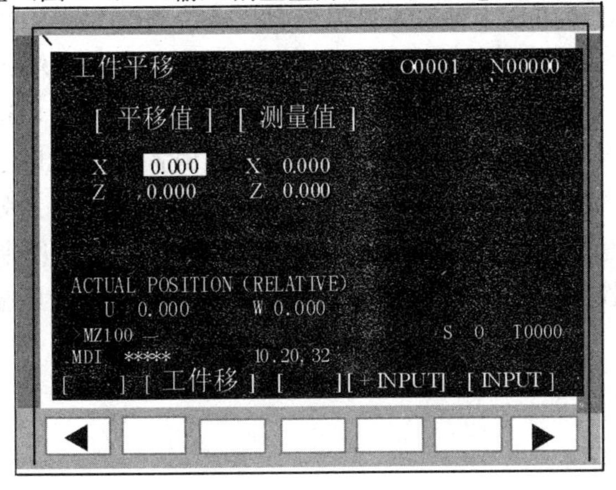

图 2-2　刀偏量/设置界面

由于用 G50 方式对刀过程比较麻烦，系统又不能自动记忆，不能将所用的刀具一起都对出来，只能用一次对一次，所以应用面窄，建议一般少使用。

二、采用工件坐标系（G54～G59）选择方式对刀

1. 对刀原理　在普通数控车床上通常使用 4 把刀具，要分别依次对刀，现以第一把刀具为例进行对刀。首先将第一把刀定义为 T01 并在 G54 上实现工件原点偏置的设定，如测得试切后零件外圆 a 及编程原点到工件右端面距离 b 值。将屏幕上显示的机床坐标系下实际坐标值 X、Z 分别减去 a、b 值得到的新值分别输入到零点偏置的 G54 中相应的 X、Z 值中去退出界面即可。若要对其他的刀具，则可依次定义为 T02、T03、T04 分别和 G55/G56/G57 对应并重复 T01 的过程，可依次对多把刀。将不同的零点偏置数据 X、Z 输入后，系统能自动记忆，直至被新的数据所取代为止。

2. 对刀方法及过程　按 OPS/SET 键➡按软键［坐标系］显示工件坐标系设定界面，如图 2-3 所示（工件原点偏置量的界面有几页，可通过翻页键显示）➡将光标置于所要改变的工件原点的偏置量处➡用数字键输入所需的数值➡按软键［IPNUT］➡输入的值被指定为工件原点偏置量（或用数字键直接输入所需的值），然后按软键［IPNUT］则输入值与原有值相加，这时所输入的值将自动记忆到系统中。（修改其他偏置量重复以上步骤即可）退出界面以后在执行自动加工时，无论刀具当前点处在何位置，刀具总能找到在工件坐标系下所给出 G54 程序段所偏置的值，即数控系统用新的工件坐标系取代了回参考点时所建立的机床坐标系。

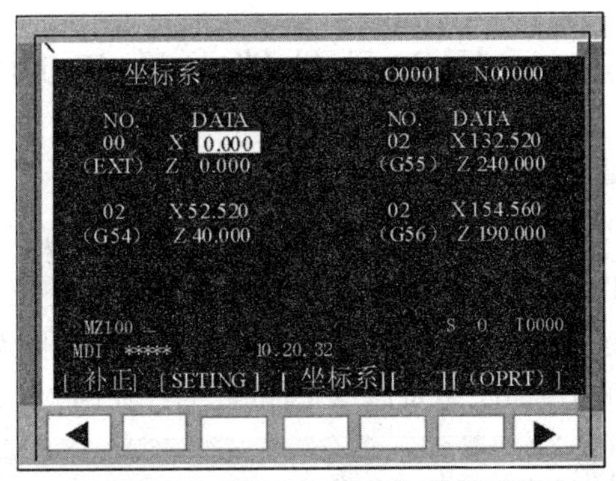

图 2-3 工件原点偏置设定界面

【实例】试切外径并测量，如图 2-1 所示。

(1) 工件坐标系原点设定在工件前端面与主轴中心线交点上。

(2) 返回参考点，建立机床坐标系。

①计算零点偏置值　程序段 G54 X100 Z40；选用所使用的刀具用手动方式下试切工件外圆，沿 *Z* 轴的正方向退刀，用千分尺测量工件直径，如为 ϕ39.42 同时并记录下 CRT 显示“机床实际坐标”一栏“*X*”值，如为－181.124 将工件直径 ϕ39.42 取负值，并与－181.124 相加得：

$X=(-181.124)+(-39.42)=-220.544$

在工件右端面试切一刀，沿 *X* 轴的正方向退刀，并记录下 CRT 显示“机床实际坐标”一栏“*Z*”值，如“－315.225”即 Z=－315.225。

②输入零点偏置值　在图 2-3 工件原点偏置的设定显示方式下将光标置于所要改变的工件原点的偏置量处，并输入新的坐标值（*X*－220.544，*Z*－315.225），此时，系统便将一号外圆刀零点偏置数据 *X*、*Z*（即：工件零点在机床坐标系下的坐标值）自动记忆到系统中。

第二节　采用刀具补偿参数 T 功能对刀

一、刀具形状补偿参数的设置

采用刀具补偿的功能补偿参数 T 功能指令方式对刀过程为：按 OPS/SET 键显示刀偏/设置界面➡按软键［补正］进入图 2-4 界面➡按软键［形状］显示形状补偿进入图 2-5 界面，将光标移置到要设置的刀具 01 号对应 X 的位置上，如图 2-6 所示。

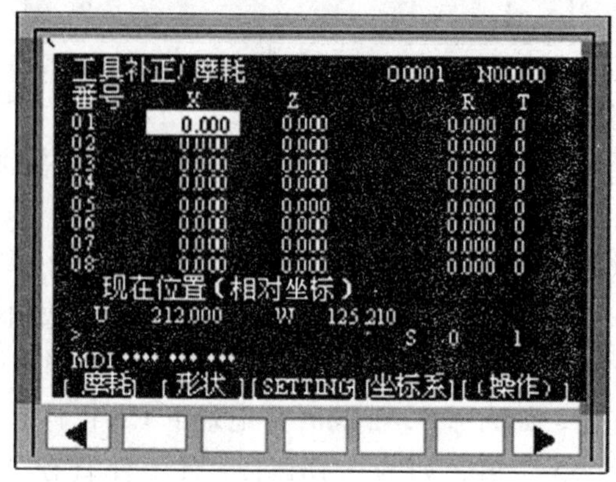

图 2-4　刀具偏置/设置界面

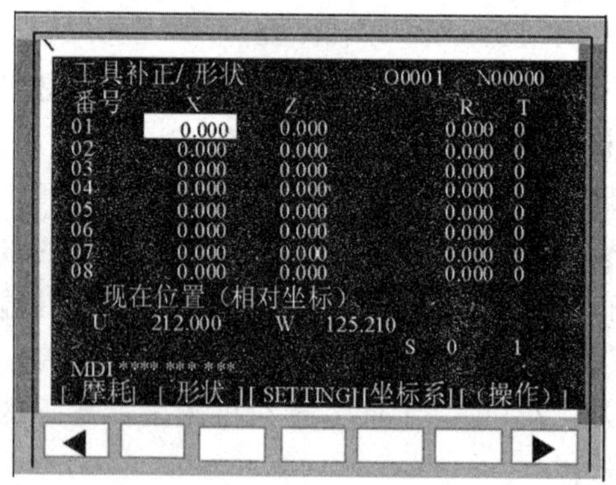

图 2-5　刀具补正/形状界面

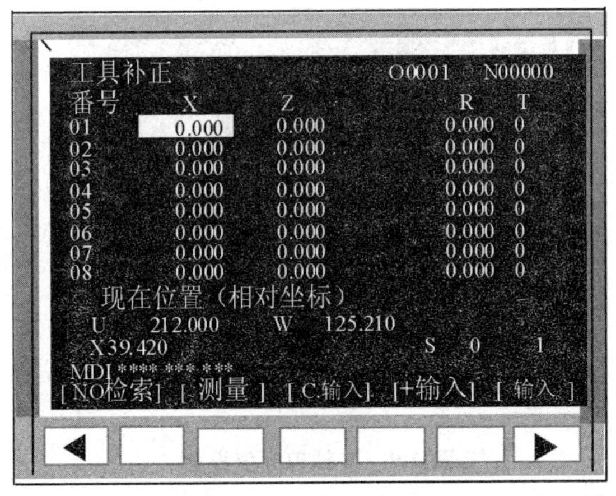

图 2-6 *X* 轴测量值输入界面

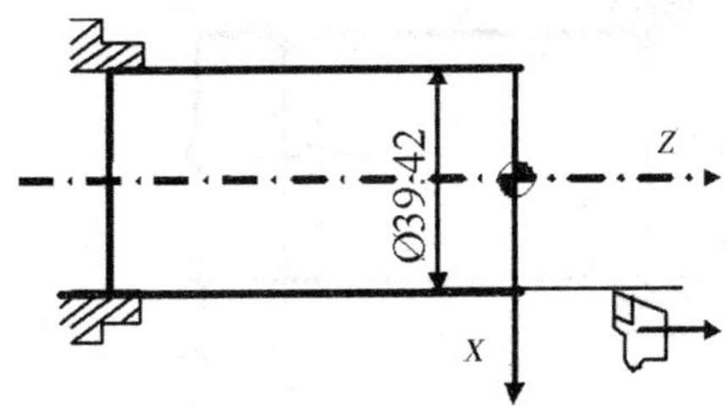

图 2-7 试切外圆

X 轴的对刀方法　以图 2-7 为例试切外圆沿 *Z* 向退刀，测直径为 39.42，并到界面下方“>”后输入“*X*39.420”值，如图 2-6 所示。

按软键［测量］确认数据，系统自动计算刀补值进入图 2-8 界面，为此 1 号刀 *X* 轴刀补值设置完成。

Z 轴的对刀方法　手动试切工件端面并沿 *X* 轴方向退刀，如图 2-9 所示，一般将编程原点设置在工件右端面与主轴中心线交汇处，因此试切端面的 Z 轴坐标值为零（若编程原点没有设置在工件右端面与主轴中心线交汇处，这时试切后应具体测量其 Z 值）。

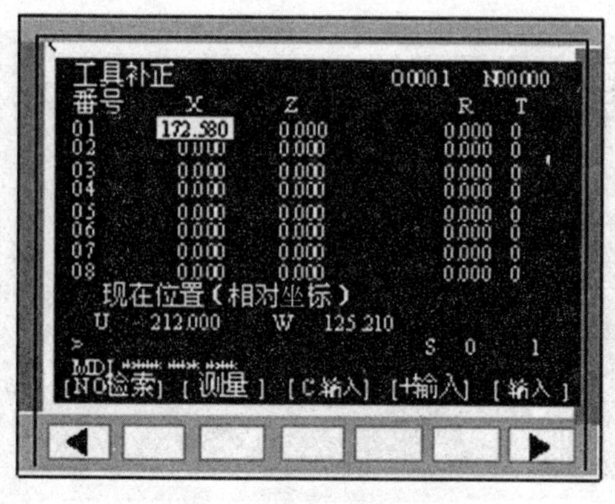

图 2-8　X 轴刀补值界面

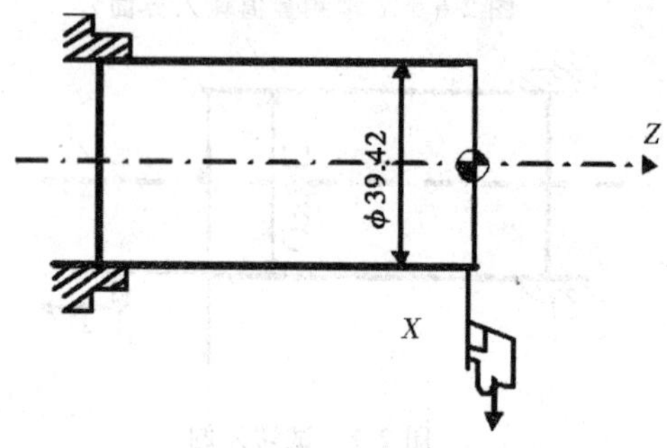

图 2-9　试切端面

在图 2-10 测量值输入界面内，将光标移置到要设置的刀具 01 号对应 Z 的位置上，并到界面下方“>”后输入“Z0.0”。

按软键［测量］确认数据，系统自动计算刀补值进入图 2-11 界面，为此 1 号刀 Z 轴刀补值设置完成。

与 01 号刀具 X、Z 轴的对刀法相同，依次类推，其他的刀具也采用相同的方法。

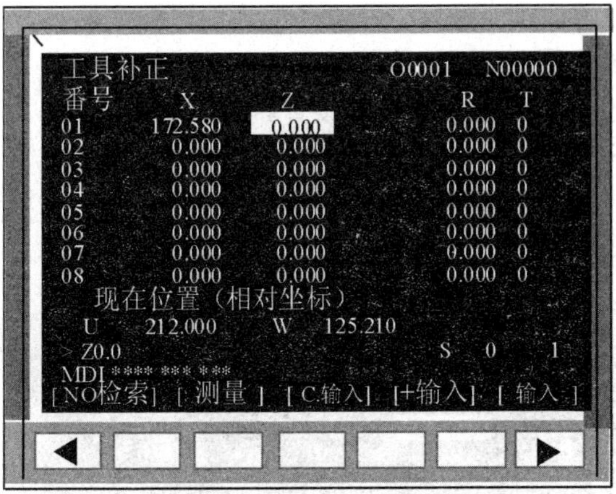

工具补正　　　　　　　　　　　　O0001　N00000

番号	X	Z	R	T
01	172.580	0.000	0.000	0
02	0.000	0.000	0.000	0
03	0.000	0.000	0.000	0
04	0.000	0.000	0.000	0
05	0.000	0.000	0.000	0
06	0.000	0.000	0.000	0
07	0.000	0.000	0.000	0
08	0.000	0.000	0.000	0

现在位置（相对坐标）

U　212.000　　W　125.210

> Z0.0　　　　　　　　S　0　1

MDI **** *** ***

[NO检索] [测量] [C.输入] [+输入] [输入]

图 2-10　*Z* 轴测量值输入界面

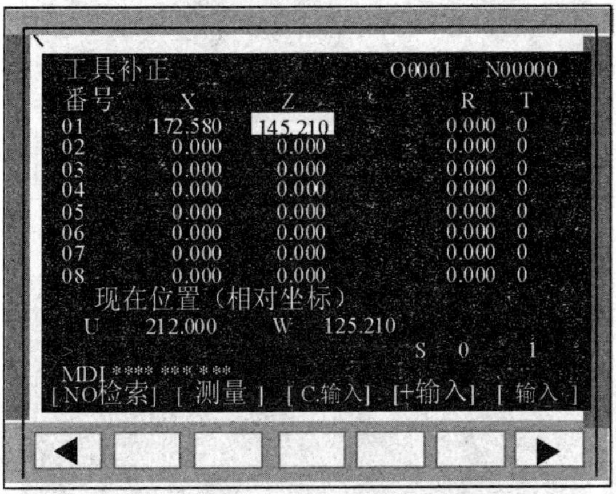

工具补正　　　　　　　　　　　　O0001　N00000

番号	X	Z	R	T
01	172.580	145.210	0.000	0
02	0.000	0.000	0.000	0
03	0.000	0.000	0.000	0
04	0.000	0.000	0.000	0
05	0.000	0.000	0.000	0
06	0.000	0.000	0.000	0
07	0.000	0.000	0.000	0
08	0.000	0.000	0.000	0

现在位置（相对坐标）

U　212.000　　W　125.210

>　　　　　　　　S　0　1

MDI **** *** ***

[NO检索] [测量] [C.输入] [+输入] [输入]

图 2-11　*Z* 轴刀补值输入界面

二、刀具补偿值的修改

在车削加工过程中，经常会遇到刀具轻微磨损和对刀误差造成零件的尺寸精度超差的现象。为了保证零件加工的尺寸精度，需要对刀具补偿值进行修改。这种操作通常在磨耗补正方式下进行。

如 1 号刀所加工实际外圆直径比零件图标注的直径大 0.022，具体补偿步骤如下：

按 OPS/SET 键显示刀偏/设置界面➡按软键［补正］进入图 2-12 界面➡将光标移置到 01 号补偿 X 处➡到界面下方“>”后输入“－0.022”值➡按 INPUT 键确认数据，输入后进入图 2-13 界面，为此 1 号刀 X 轴刀具磨耗补偿值设置完成。

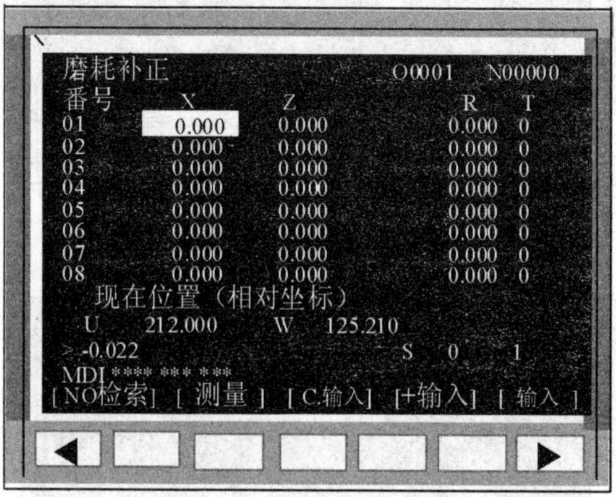

图 2-12 磨耗补偿值界面一

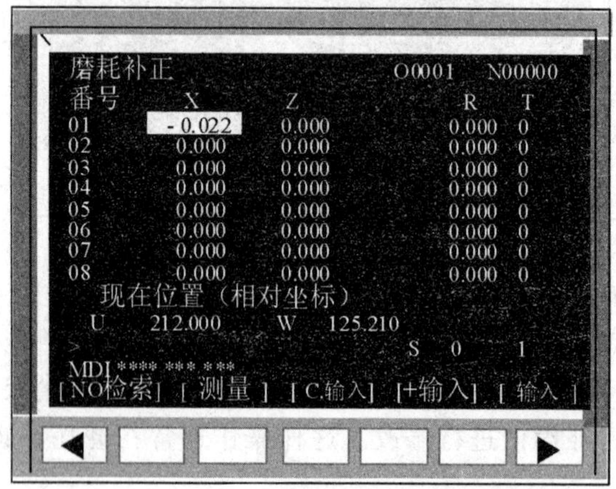

图 2-13 磨耗补偿值界面二

对于 Z 轴和其他的刀具磨耗补偿值的设定方法与之相同。

三、注意事项

1. 确定每一把刀的刀号时，其顺序应与每一把刀进入切削加工的先后次序一致，以节省转刀时间。

2. 试切对刀的精度主要取决于对试件的测量精度，因此在测量时使用的量具应加以注意，以保证对刀时的准确性。

课题训练

1. 说明 FANUC 0i 数控系统自动方式下可完成机床的哪些操作？

2. 在数控机床上手动完成各种速率修调操作。

3. 使用 90°外圆车刀对刀操作，如图 2-14 所示，当试切工件前端面时，在机床实际坐标系下的读数为（$X-95.35$，$Z-230.56$）；试切工件外圆时，在机床实际坐标系下的读数为（$X-85.45$，$Z-254.36$）；试切后测量工件为 19.65。

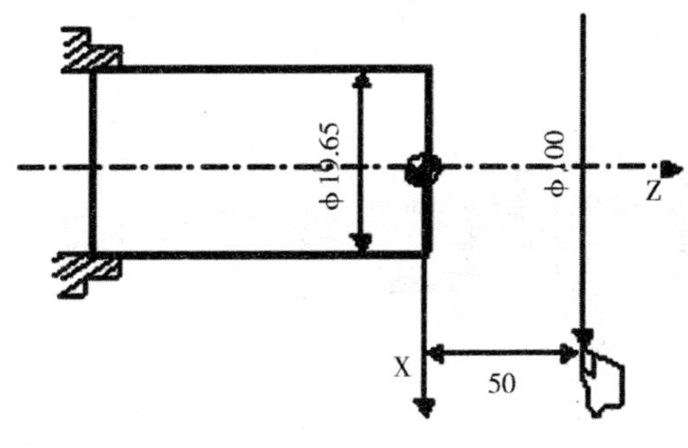

图 2-14

回答问题：

（1）当采用 G50 指令建立坐标系编程时，刀具起点在机床坐标系下的坐标值是多少？

（2）当采用 G54 指令建立坐标系编程时，零点偏置值是多少？

课题三　数控车削零件精度检测方法

第一节　游标卡尺的结构和用途

一、游标卡尺的结构与测量

游标卡尺是一种常用的量具，具有结构简单、使用方便、精度中等和测量的尺寸范围大等特点，如图 3-1 所示。另外还可以用它来测量零件的外径、内径、长度、宽度、厚度、深度等，应用范围很广，如图 3-2 所示，为游标卡尺的测量方法。

按其测量精度，有 1/10mm（0.1）、1/20mm（0.05）和1/50 mm（0.02）3 种，常用的是 1/50mm（0.02）。

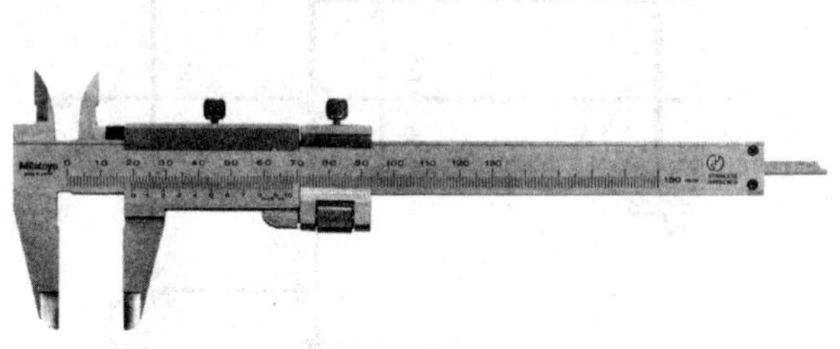

图 3-1　游标卡尺的结构

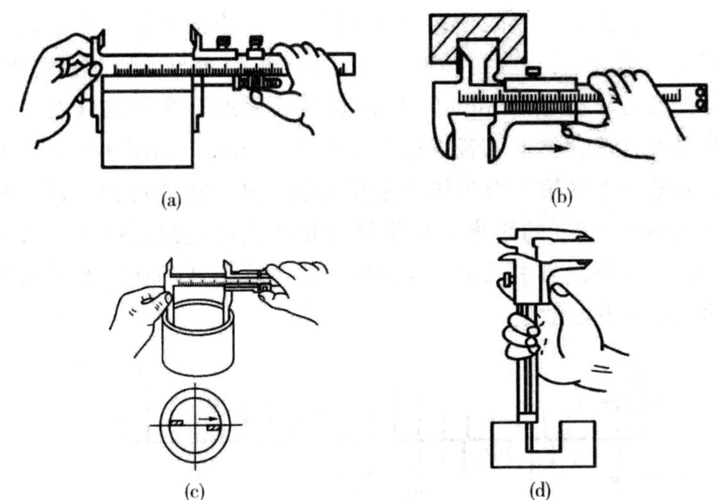

(a) 测量外形尺寸 (b) 测量槽宽 (c) 测量孔径 (d) 测量深度

图 3-2 游标卡尺的测量方法

二、游标卡尺的刻线原理与读数

游标卡尺的读数机构是由主尺和游标两部分组成。当活动量爪与固定量爪贴合时，游标上的“0”刻线（简称游标零线）对准主尺上的“0”刻线，此时量爪间的距离为“0”。当尺框向右移动到某一位置时，固定量爪与活动量爪之间的距离就是零件的测量尺寸，见图 3-1 所示。此时零件尺寸的整数部分，可在游标零线左边的主尺刻线上读出来，而比 1mm 小的小数部分，可借助游标读数机构来读出，现把 3 种游标卡尺的读数原理和读数方法介绍如下。

1. 游标读数值为 0.1mm 的游标卡尺　如图 3-3（a）所示，主尺刻线间距（每格）为 1mm，当游标零线与主尺零线对准（两爪合并）时，游标上的第 10 刻线正好指向等于主尺上的 9mm，而游标上的其他刻线都不会与主尺上任何一条刻线对准。游标每格间距＝9mm/10＝0.9mm，主尺每格间距与游标每格间距相差＝1mm－0.9mm＝0.1mm。0.1mm 即为此游标卡尺上游标所读出的最小数值，再也不能读出比 0.1mm 小的数值。当游标向右移动 0.1mm 时，则游标零线后的第 1 根刻线与主尺刻线对准。当游标向右移动 0.2mm 时，则游标零线后的第 2 根刻线与主尺刻线对准，依次类推。若游标向右移动 0.5mm，如图 3-3（b）所示，则游标上的第 5 根刻线与主尺刻线对准。由此可知，游标向右移动不足 1mm 的距离，虽不能直接从主尺读出，但可以由游标的某一根刻线与主尺刻线对准时，该游标刻线的次序数乘其读数值而读出其小数值。

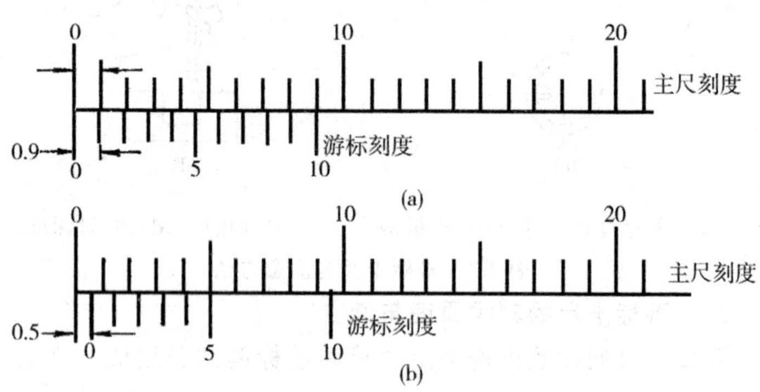

图 3-3　游标卡尺读数原理

例如，图 3-3（b）的尺寸即为：5×0.1=0.5mm。

另有一种读数值为 0.1mm 的游标卡尺，如图 3-4（a）所示，是将游标上的 10 格对准主尺的 19mm，则游标每格=19mm/10=1.9mm，使主尺 2 格与游标 1 格相差=2mm−1.9mm=0.1mm。这种增大游标间距的方法，其读数原理并未改变，但使游标线条清晰，更容易看准读数。

在游标卡尺上读数时，首先要看游标零线的左边，读出主尺上尺寸的整数是多少毫米，其次是找出游标上第几根刻线与主尺刻线对准，该游标刻线的次序数乘其游标读数值，读出尺寸的小数，整数和小数相加的总值，就是被测零件尺寸的数值。

在图 3-4（b）中，游标零线在 2mm 与 3mm 之间，其左边的主尺刻线是 2mm，所以被测尺寸的整数部分是 2mm，再观察游标刻线，这时游标上的第 3 根刻线与主尺刻线对准。所以，被测尺寸的小数部分为 3mm×0.1＝0.3mm，被测尺寸即为 2mm＋0.3mm＝2.3mm。

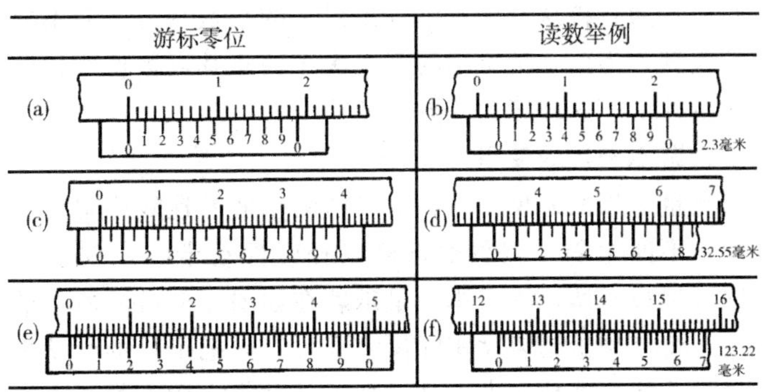

图 3-4　游标零位和读数举例

2. 游标读数值为 0.05mm 的游标卡尺　图 3-4（c）所示，主尺每小格 1mm，当两爪合并时，游标上的 20 格刚好等于主尺的 39mm，则游标每格间距＝39mm/20＝1.95mm，主尺 2 格间距与游标 1 格间距相差＝2mm－1.95mm＝0.05mm。

0.05mm 即为此种游标卡尺的最小读数值。同理，也有用游标上的 20 格刚好等于主尺上的 19mm，其读数原理不变。

在图 3-4（d）中，游标零线在 32mm 与 33mm 之间，游标上的第 11 格刻线与主尺刻线对准。所以，被测尺寸的整数部分为 32mm，小数部分为 11mm×0.05mm＝0.55mm，被测尺寸为 32mm＋0.55mm＝32.55mm。

3. 游标读数值为 0.02mm 的游标卡尺　图 3-4（e）所示，主尺每小格 1mm，当两爪合并时，游标上的 50 格刚好等于主尺上的 49mm，则游标每格间距＝49mm/50＝0.98mm。

主尺每格间距与游标每格间距相差＝1mm－0.98mm＝0.02mm。

0.02mm 即为此种游标卡尺的最小读数值。

在图 3-4（f）中，游标零线在 123mm 与 124mm 之间，游标上的 11 格刻线与主尺刻线对准。所以，被测尺寸的整数部分为 123mm，小数部分为 11mm × 0.02 = 0.22mm，被测尺寸为 123mm＋0.22mm＝123.22mm。

我们希望直接从游标尺上读出尺寸的小数部分，而不要通过上述的换算，为此，把游标的刻线次序数乘其读数值所得的数值标记在游标上，这样读数就方便了。

三、游标卡尺的使用

当测量零件的外尺寸时，卡尺两测量面的连线应垂直于被测量表面，不能歪斜。测量时，可以轻轻摇动卡尺，放正垂直位置，图 3-5（a）所示。否则，量爪若在如图 3-5（b）所示的错误位置上，将使测量结果比实际尺寸要大。先把卡尺的活动量爪张开，使量爪能自由地卡进工件，把零件贴靠在固定量爪上，然后移动尺框，用轻微的压力使活动量爪接触零件。如卡尺带有微动装置，此时可拧紧微动装置上的固定螺钉，再转动调节螺母，使量爪接触零件并读取尺寸。决不可把卡尺的两个量爪调节到接近甚至小于所测尺寸，把卡尺强制地卡到零件上去。这样做会使量爪变形，或使测量面过早磨损，使卡尺失去应有的精度。

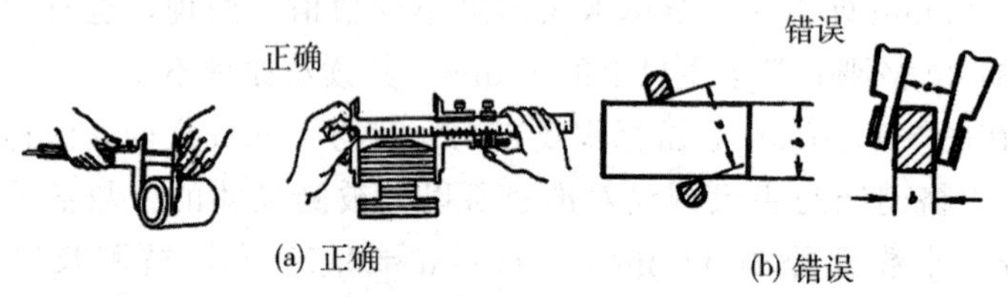

(a) 正确　(b) 错误

图 3-5　测量外尺寸时正确与错误的位置

测量沟槽时，应当用量爪的平面测量刃进行测量，尽量避免用端部测量刃和刃口爪去测量外尺寸。而对于圆弧形沟槽尺寸，则应当用刃口爪进行测量，不应当用平面形测量刃进行测量，如 3-6 所示。

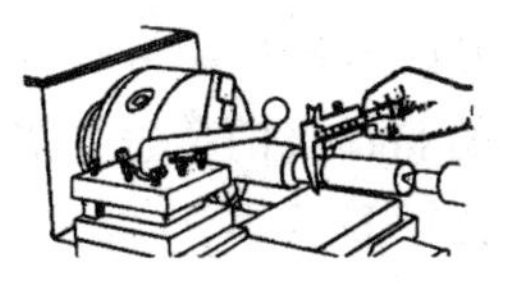

正确

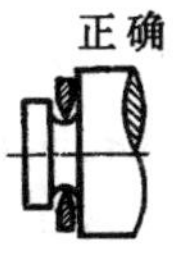

错误

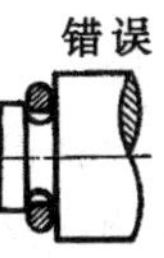

（a）沟槽直径测量方法　　　　（b）正误位置

图 3-6　测量沟槽直径的方法及正确与错误的位置

测量沟槽宽度时，也要放正游标卡尺的位置，应使卡尺两测量刃的联线垂直于沟槽，不能歪斜。否则，量爪若在如图 3-7 所示的错误的位置上，也将使测量结果不准确（可能大也可能小）。

正确

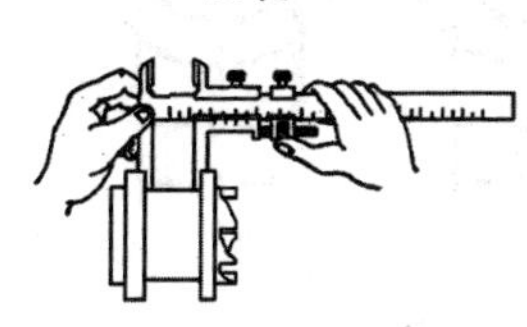

错误

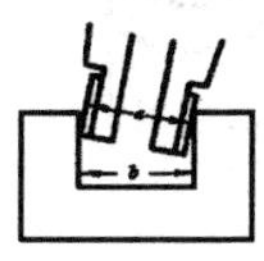

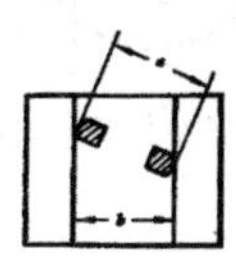

（a）沟槽宽度测量方法　　　　（b）错误

图 3-7　测量沟槽宽度时正确与错误的位置

当测量零件的内尺寸时如图 3-8 所示。

图 3-8　内孔的测量方法

要使量爪分开的距离小于所测内尺寸，进入零件内孔后，再慢慢张开并轻轻接触零件内表面，用固定螺钉固定尺框后，轻轻取出卡尺来读数。取出量爪时，用力要均匀，并使卡尺沿着孔的中心线方向滑出，不可歪斜，免使量爪扭伤、变形和受到不必要的磨损，从而影响测量精度。卡尺两测量刃应在孔的直径上，不能偏歪，如图 3-9 所示，为带有刃口形量爪和带有圆柱面形量爪的游标卡尺，在测量内孔时正确的和错误的位置。当量爪在错误位置时，其测量结果，将比实际孔径 D 要小。

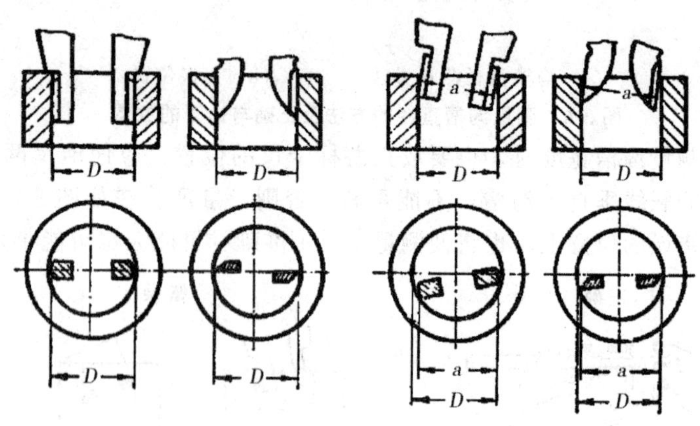

（a）正确　　　　（b）错误

图 3-9　测量内孔时正确与错误的位置

用游标卡尺测量零件时，不允许过分地施加压力，所用压力应使两个量爪刚好接触零件表面。如果测量压力过大，不但会使量爪弯曲或磨损，且量爪在压力作用下产生弹性变形，使测量的尺寸不准确（外尺寸小于实际尺寸，内尺寸大于实际尺寸）。

为了获得正确的测量结果，可以多测量几次，即在零件的同一截面上的不同方向进行测量。对于较长零件，则应当在全长的各个部位进行测量，务使获得一个比较正确的测量结果。

第二节　千分尺的结构和用途

一、千分尺结构原理

用螺旋测微原理制成的量具，称为螺旋测微量具。它的测量精度比游标卡尺高，并且测量比较灵活，因此，当加工精度要求较高时多被应用。常用的螺旋读数量具有百分尺和千分尺。百分尺的读数值为 0.01mm，千分尺的读数值为 0.001mm。工厂习惯上把百分尺和千分尺统称为百分尺或分厘卡。目前车间里大量用的是读数值为 0.01mm 的百分尺，现以介绍这种百分尺为主，并适当介绍千分尺的使用知识。

用百分尺测量零件的尺寸，就是把被测零件置于百分尺的两个测量面之间。所以两测砧面之间的距离，就是零件的测量尺寸。当测微螺杆在螺纹轴套中旋转时，由于螺旋线的作用，测量螺杆就有轴向移动，使两测砧面之间的距离发生变化。如测微螺杆按顺时针的方向旋转一周，两测砧面之间的距离就缩小一个螺距，是测量范围为 0～25mm，微分筒转过它本身圆周刻度的一小格时，两测砧面之间转动的距离为 0.5/50＝0.01mm。由此可知，百分尺上的螺旋读数机构，可以正确地读出 0.01mm，也就是百分尺的读数值为 0.01mm。

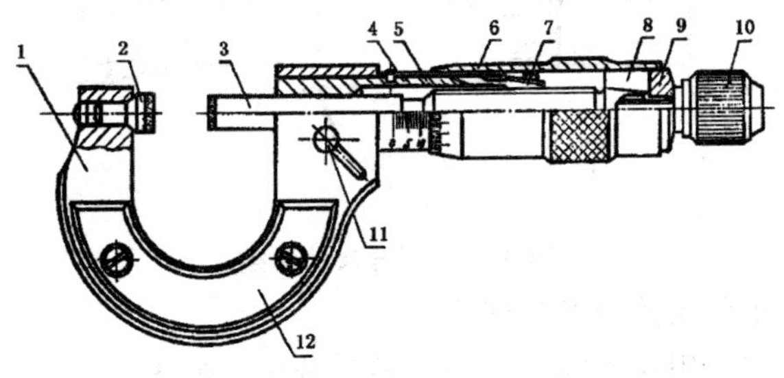

1. 尺架　2. 固定测砧　3. 测微螺杆　4. 螺纹轴套
5. 固定刻度套筒　6. 微分筒　7. 调节螺母　8. 接头
9. 垫片　10. 测力装置　11. 锁紧螺钉　12. 绝热板

图 3-10　0～25mm 外径百分尺

百分尺的读数方法　在百分尺的固定套筒上刻有轴向中线，作为微分筒读数的基准线。另外，为了计算测微螺杆旋转的整数转，在固定套筒中线的两侧，刻有两排刻线，刻线间距均为 1mm，上下两排相互错开 0.5mm。

百分尺的具体读数方法可分为 3 步：(1) 读出固定套筒上露出的刻线尺寸，一定要注意不能遗漏应读出的 0.5mm 的刻线值。(2) 读出微分筒上的尺寸，要看清微分筒圆周上哪一格与固定套筒的中线基准对齐，将格数乘 0.01mm 即得微分筒上的尺寸。(3) 将上面两个数相加，即为百分尺上测得尺寸。

如图 3-11 (a) 所示，在固定套筒上读出的尺寸为 8mm，微分筒上读出的尺寸为 27 (格) ×0.01mm＝0.27mm，上两数相加即得被测零件的尺寸为 8.27mm；图 3-11 (b) 所示，在固定套筒上读出的尺寸为 8.5mm，在微分筒上读出的尺寸为 27 (格) × 0.01mm = 0.27mm，上两数相加即得被测零件的尺寸为 8.77mm。

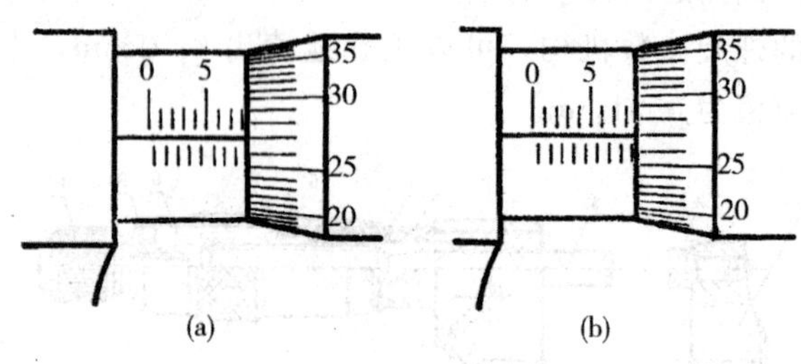

图 3-11　百分尺的读数

二、千分尺的分类与使用

另外按其用途不同可分为外径千分尺，如图 3-12 (a) 所示；内径千分尺，如图 3-12 (b) 所示；深度千分尺，如图 3-12 (c) 所示和螺纹千分尺测量螺纹中径，如图 3-12 (d) 所示。千分尺主要用于精密测量工件的外形、内径、槽宽、深度和螺纹等，如图 3-13 所示。千分尺的测量精度为 0.01mm。外径千分尺的规格按测量范围分有 0～25、25～50、50～75、75～100、100～125 等，使用时根据被测工件的尺寸选用。千分尺的制造等级分为 0 级和 1 级两种，0 级精度最高，1 级稍差。

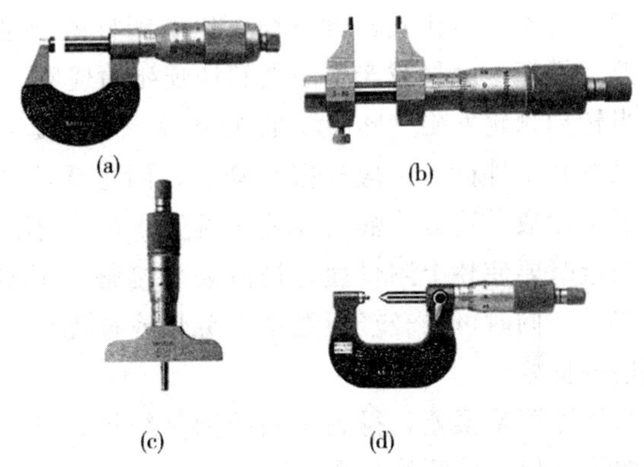

(a) 外径千分尺 (b) 内径千分尺 (c) 深度千分尺 (d) 螺纹千分尺

图 3-12　常见千分尺

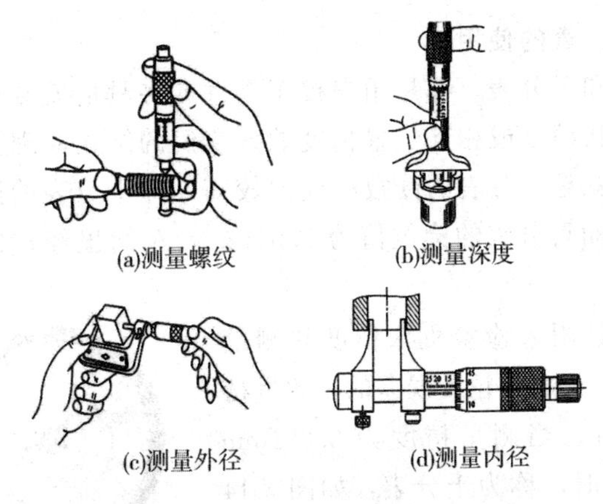

图 3-13　常见千分尺的使用

三、千分尺使用步骤

(1) 测量时要先旋转微分筒，调整千分尺测量面，当测量面快要接触被测表面时，要旋动棘轮，这样既节约时间，又防止棘轮过早磨损，退尺时应使用微分筒，不要旋动后盖和棘轮，以防其松动影响零位。

（2）测量时不要很快旋转微分筒，以防测杆的测量面与被测件发生猛撞，损坏千分尺或产生测微螺杆咬死的现象。

（3）当转动棘轮发出“咔咔”的响声后，进行读数，如果需要把千分尺拿开工件读数，应先搬止动器，固定活动测杆，再将千分尺取下来读数。这种读数法容易磨损测量面，应尽量少用。

（4）测量时要使整个测量面与被测表面接触，不要只用测量面的边缘测量，同时可以轻轻地摆动千分尺或被测件，使测量面与被测面接触良好。

（5）为消除测量误差，得到正确的测量结果，可在同一位置多测几次取平均值或多测量几个位置。

第三节　百分表与万能角度尺的使用

一、百分表的使用

百分表和千分表，都是用来校正零件或夹具的安装位置、检验零件的形状精度或相互位置精度的。它们的结构原理没有什么大的不同，就是千分表的读数精度比较高，即千分表的读数值为 0.001mm，而百分表的读数值为 0.01mm，车间里经常使用的是百分表。

百分表是用来检验机床精度和测量工件的尺寸、形状、位置误差的，测量精度为 0.01mm。当测量精度为 0.001mm 和 0.005mm 时，称为千分表，如图 3-14 所示。按制造精度不同可分为 0 级（IT6～IT4）、1 级（IT6～IT16）和 2 级（IT7～IT16）。

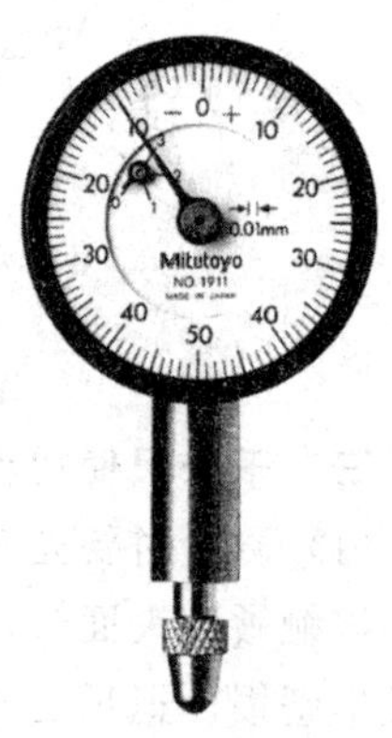

图 3-14　百分表头

使用时将内径百分表头装在表架上，再将表架吸附在机床床身或工作台上，如图 3-15 所示，进行测量。

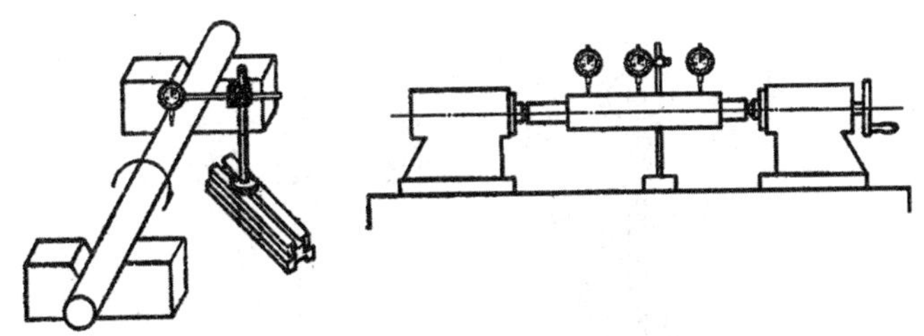

（a）吸附在工作台上　（b）吸附在专用检验台上

图 3-15　轴类零件圆度、圆柱度及跳动

内径百分表是用来测量孔径及孔的形状误差的测量工具，如图 3－16 所示。内径百分表的测量范围有 6～10、10～18、18～35、35～50、50～100、100～160、160～250 等。内径百分表示值误差较大，一般为±0.015mm。具体测量孔径时如图 3-17 所示，先在外径千分尺上取孔径的整数值，如图 3-17（a）所示。再用手轻按定位装置，将活动测头放入被测孔内，再放入可换测头，然后使内径百分表在孔的轴向截面内充分地摆动，如图 3-17（b）所示，观察指针读数，以最小值作为读数值。若读数为零，说明被测孔径与标准的直径相等；若指针顺时针方向离开零位，说明被测孔径小于标准孔径；若指针逆时针方向离开零位，说明被测孔径大于标准孔径。

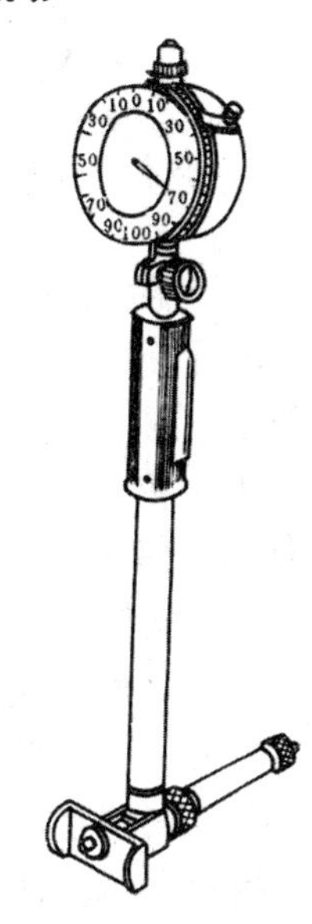

图 3-16　内径百分表

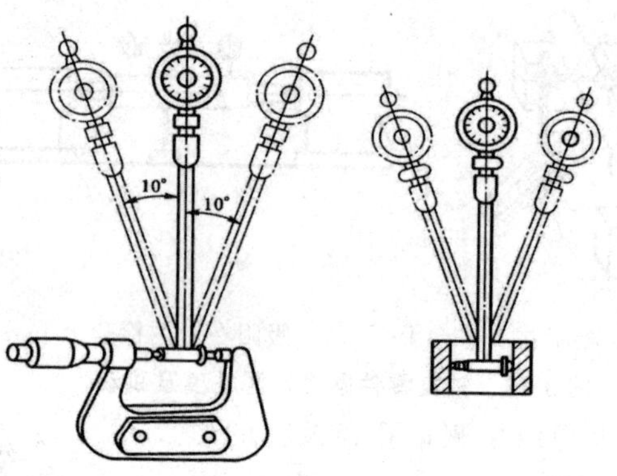

(a) 内径百分表在外径千分尺上对值　(b) 内径表摆动测量孔径

图 3-17　百分表测量工件

二、游标万能角度尺的使用

游标万能角度尺是用来测量精密零件内外角度或进行角度画线的角度量具。万能角度尺的使用方法比较简单，使固定尺和直尺的测量面都与被测面量表面接触好，即能得到角度数值。

万能角度尺是用来测量工件和样板的内、外角度及角度画线的量具。其测量精度有 2′和 5′两种，测量范围为 0°～320°，如图 3-18 所示。

图 3-18　万能角度尺

万能角度尺测量不同范围角度的方法，分 4 种组合方式，测量角度分别是 0°～50°、50°～140°、140°～230°和 230°～320°，如图 3-19 所示。

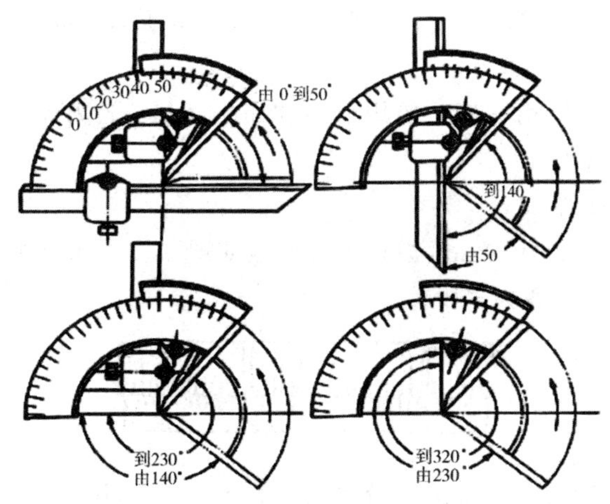

图 3-19　万能角度尺的四种组合方式

游标万能角度尺的刻线原理与读数方法如下：

（1）游标万能角度尺的刻线原理为尺身刻线每格为 1°，游标上 30 格与尺身上 29 格的弧长相等，即游标上每格对应的角度为 29/30，所以尺身 1 格与游标 1 格相差 1－29/30＝1/30，即相差 2′，即游标万能角度尺的读数值为 2′。

（2）游标万能角度尺与游标卡尺的读法相同，即从尺身上读出与游标零线左边最近的刻度线数值，该数值即为被测角度的整数值；再从游标上读出与尺身刻线对齐的那一刻线的数值，该数值即为被测角度的“分”数值；然后将两数值相加得到被测角度的读数值。

三、注意事项

1. 测量前应将量具及被测面擦净，量具测量面无生锈、碰伤，活动件灵活、平稳。

2. 要轻拿轻放，严禁磕碰，长期不用在使用前要用量块校尺。

3. 不允许测量粘有研磨剂的工件，也不准用砂布或油石等摩擦测量刃口或测量杆。

4. 测量工件时，要待工件冷却后测量，并注意清理测量位置切屑。

5. 量具使用完毕，要用清洁软布把切屑、冷却液等擦干净，放入专用盒内。

课题训练

1. 精度为 0.02mm 游标卡尺读数如图（a）、（b）所示，说明两把尺的读数各为多少？

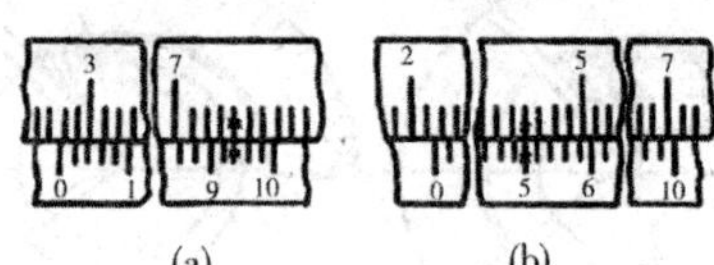

(a)　　　　(b)

2. 精度为 0.01mm 千分尺读数如图（a）、（b）所示，说明两把尺的读数各为多少？

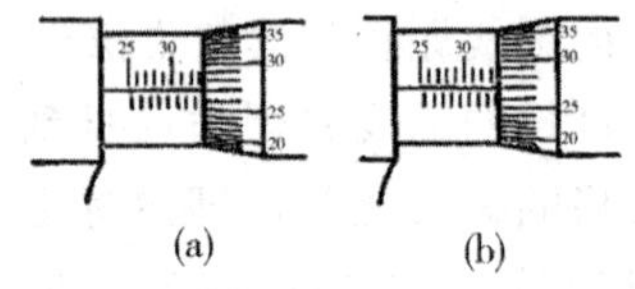

(a)　　　　(b)

课题四　外圆柱与圆锥面的编程与训练

第一节　数控切削轴类相关知识

机械零件都是由简单的几何形面（如外圆柱、圆锥、圆弧、平面及槽）组合而成，只有将这些最基础、简单的几何形面的加工工艺弄清，才能对以后复杂的机械零件进行加工处理。

一、切削用量的确定

车削外圆柱、外圆锥、圆弧首先应看零件的轴向长短是否属于细件，另外还要看机床的刚性是否满足要求。粗车时选择切削用量时应把背吃刀量放在首位，尽可能大。其次是进给量，最后是切削速度。用硬质合金车刀精车时，尽量提高切削速度和较小的背吃刀量。

1. 背吃刀量　在机床功率、夹具、刀具及工艺系统刚性允许条件下，尽可能选取较大的背吃刀量，以减少走刀次数，提高生产率，精加工余量一般要 0.1～0.5mm。

2. 进给量　进给量是指单位时间内刀具沿进给方向移动的距离。单位有两种 mm/min 和 mm/r。在一般情况下，粗加工外圆时进给量可选择转进给 0.3～0.8mm/r、精加工 0.1～0.3mm/r、切断 F0.05～0.2mm/r。

3. 主轴转速　主轴转速一般根据被加工部位直径，并按零件硬度、刀具的材料和加工性质等条件所允许的切削速度来确定。可查表、计算及实际经验选取。对一般调质钢来说粗车外圆应在 S1 000r/min 以下，精车外圆应在 S1 000r/min 以上。车螺纹时主轴转速将受螺纹螺距（导程）的影响，即主轴每转一转，刀具移动一个螺距（导程），所以转速一般 S800r/min 以下。

二、技术要求

一般轴类零件除了尺寸精度、表面粗糙度要求外，还有形状和位置精度要求，具体要看零件图的要求。

三、毛坯形式

毛坯常采用热轧圆棒料、冷拉圆棒料。用做机械上的轴类零件，大多数采用锻件，少数结构复杂的轴类零件可采用球墨铸铁、稀土铸铁铸造。

四、常用车刀

1. 90°机夹正偏刀。

2. 45°端面车刀。

3. 切断刀。

五、锥度测量

锥度：一般用量规检验，用涂色法检验其接触大小确定锥度的正确性。用圆锥塞规检验锥孔时，涂层应薄而均匀，套合时用力要轻，转动量一般在半圈以内，转动量过多不便于观察，以致误判，要求套规和外圆锥的接触面积达 60％以上。若发现只有大端部分接触，则说明锥角太小；反之，若发现只有小端部分接触，则说明锥角太大。

锥径：一般可用圆锥界限量规检验，当工件的端面在圆锥量规台阶或两刻度线中间即为合格。

第二节　阶梯轴零件

【实例】阶梯轴零件如图 4-1 所示，毛坯材料为 45 钢ϕ45×90。

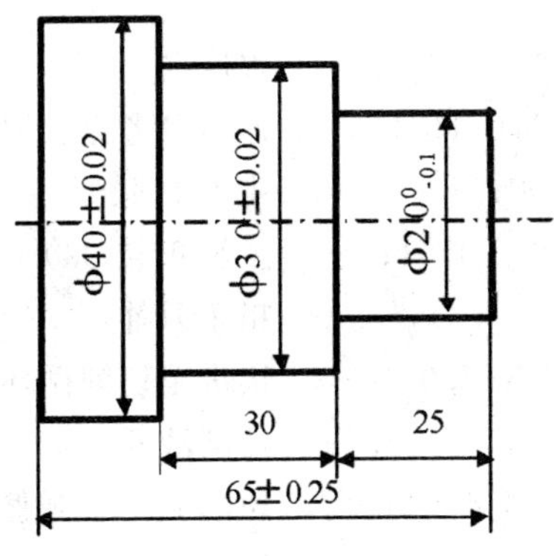

图 4-1 阶梯零件

（一）工艺分析

1. 用三爪自定心卡盘夹持左端，棒料伸出卡爪外 70mm。编程零点选在右端面与主轴中心线交汇点，粗车后留精车余量 1mm。

2. 应用 G90 切削循环指令编程。

3. 确定加工路线，从右到左开始加工，单件手动平右端面。

（1）粗车 φ40 外圆→φ30 外圆→φ20 外圆。

（2）精车 φ20 外圆→φ30 外圆→φ40 外圆。

4. 选择刀具与切削用量。

表 4-1

工步	工步内容	刀具号	刀具规格	主轴转速 (r/min)	进给速度 (mm/r)	背吃刀量 (mm)
1	粗车外圆	T01	机夹 90°正偏刀	800	0.4	
2	精车外圆	T02	机夹 90°正偏刀	1 800	0.1	
3	端面刀	T03	机夹 45°正偏刀	800	手控	

（二）相关计算

公差应取其中间值（本书以后均采用此种方式）。

（三）加工程序

O003	程序名
N10 G28 U0 W0 T0100；	返回参考点、取消 1 号刀补
N20 G50 S2000；	主轴限速最大不超过 2 000 r/min
N30 S800 M03 T0101；	主轴正转 800 r/min、导入 1 号粗车刀补
N40 G00 G42 X45.0 Z2.0 M08；	快进至切削循环点、加右刀补、切削液开
N50 G90 X43.0 Z－65.0 F0.4；	切削 ϕ40 外圆循环第一刀切深 2 mm
N60 X41.0；	第二刀切深 2 mm
N70 X38.0 Z－55.0；	切削 ϕ30 外圆循环第一刀切深 3 mm
N80 X35.0；	第二刀切深 3 mm
N90 X32.0；	第三刀切深 3 mm
N100 X31.0；	第四刀切深 2 mm
N110 X28.0 Z－25.0；	切削 ϕ20 外圆循环第一刀切深 3 mm
N120 X25.0；	第二刀切深 3 mm
N130 X23.0；	第三刀切深 2 mm
N140 X21.0；	第四刀切深 2 mm
N150 G00 G40 X100.0；	*X* 轴返回换刀点、取消 1 号刀补
N160 Z100.0；	*Z* 轴返回换刀点
N170 T0202 S1800；	换 2 号精车刀、调整转速为 1 800 r/min
N180 G00 G42 X19.95 Z2.0；	快进至精车切削循环点、加右刀补
N190 G01 Z－25.0 F0.1；	精车 ϕ20 外圆
N200 X30.0；	精车 ϕ20～ ϕ30 圆台

N210 Z－55.0；	精车 ϕ30 外圆
N220 X40.0；	精车 ϕ30～ ϕ40 圆台
N230 Z－65.0；	精车 ϕ40 外圆
N240 G28 U10.0 W10.0T0200；	返回参考点、取消 2 号刀补
N250 M09；	切削液关
N260 M30；	程序结束

（四）注意事项

（1）首次加工，应先熟悉数控车床的操作，如回零、工件的装夹、坐标系的设定、刀补的设定和换刀点的确定等，另外编好程序后应先试运行，确定程序无误后再进行试切，试切时应采用单段运行方式，并调低进给倍率及快进速度。

（2）阶梯轴在编程时，刀具起始位置要考虑毛坯的实际尺寸，换刀位置要考虑刀架与零件及尾座的空间距离大小在回转时不能发生碰撞，应尽量沿着 X、Z 轴分别退刀。

（3）车削阶梯轴时，首先应车直径较粗的一端，以免过早地降低零件的刚性，在车削时应采用 90°正偏刀，工件若过长应采用一夹一顶的装夹方式，这种方式在编程中退刀时应注意刀具不能与尾座相撞。

（4）在车削右端面时，为减少换刀次数，方便对刀，车小余量（1～2mm）切端面时，一般采用 90°正偏刀车削，而刀尖一定与主轴中心等高，否则将在端面中心处产生小凸台，或将刀尖损坏。

（5）刀补指令 G41、G42 不能用错，否则将发生过切或尺寸错误。

第三节　外柱面、锥体零件

外圆锥面的应用很广，当圆锥面的锥角较小在 3°以下时，可以传递很大的转矩。另外圆锥面配合同轴度较高，并能做到无间隙配合，可以进行多次装卸仍能保持精确的定心作用。

一、圆锥种类

1. 莫氏圆锥　如：车床主轴锥孔、钻头锥柄、顶尖锥柄、铰刀锥柄等，它分 7 个号码：0、1、2、3、4、5、6，最小为 0 号，最大为 6 号。号数不同时，圆锥半角和尺寸也不同，它是从英制换算过来的，需要时可以查有关手册。

2. 米制圆锥　有 8 个号码：4、6、80、100、120、140、160 和 200 号。它的号码是指大端的直径。特点是号数不同其锥度不变，都是 $C=1:20$ 圆锥半角 $\alpha/2=1°25'56''$。

二、圆锥锥度

大端直径与小端直径之差与圆锥长度之比称为圆锥锥度。$C=(D-d)/L$。锥度一旦确定后，圆锥角也就确定了。

三、圆锥计算

圆锥 4 个参数之间的关系式即：$\tan\alpha/2=(D-d)/2L$

圆锥半角（$\alpha/2$）须查三角函数表，也可用近似公式：

$\alpha/2=28.7°\times(D-d)/L$

$\alpha/2\approx28.7°\times C$

【实例】柱面、锥面零件如图 4-2 所示，毛坯材料为 45 钢 ϕ45×80。

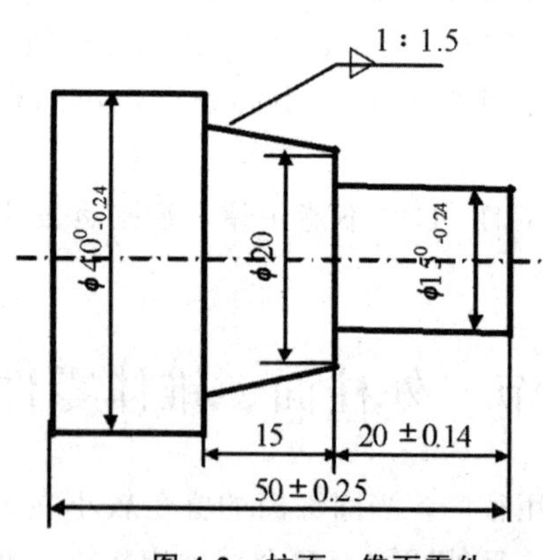

图 4-2　柱面、锥面零件

（一）工艺分析

1. 采用手动切削右端面。

2. 用三爪卡盘夹持左端，棒料伸出卡爪外 60mm，粗车后留精车余量（双边）0.8mm。

3. 应用 G90 切削循环指令编程。

4. 确定加工路线，从右到左开始加工，单件手动平右端面。

（1）粗车 ϕ40 外圆→ϕ15 外圆→ϕ20～ϕ30 圆锥面。

（2）精车 ϕ15 外圆→ϕ15～ϕ20 圆环→ϕ20～ϕ30 圆锥面→ϕ30～ϕ40 圆环→ϕ40 外圆。

5. 选择刀具与切削用量。

表 4-2

工步	工步内容	刀具号	刀具规格	主轴转速（r/min）	进给速度（mm/r）	背吃刀量（mm）
1	粗车外圆	T01	机夹 90°正偏刀	800	0.6	
2	精车外圆	T01	机夹 90°正偏刀	1 600	0.08	
3	端面刀	T03	机夹 45°正偏刀	800	手控	

（二）相关计算

1. 利用斜度比计算锥的大径 D 即：$(D-d)/L=C$（$C=1:1.5$），所以 $(D-20)/15=1:1.5$ 所以 $D=30$mm。

2. 计算“R”的值 $R=(d-D)/L$ 车锥面时从 $Z=-18.5$ 处起刀在 $Z=-18.5$mm 处，经三角形比例计算端面直径为 ϕ19mm，即：$R=(19-30)/2=-5.5$。

（三）加工程序

O0032	程序名
N10 G28 U0 W0 T0100；	返回参考点、取消 1 号刀补
N20 G50 S2000；	主轴限速最大不超过2 000 r/min
N30 M03 S800 T0101；	主轴正转 800 r/min、导入 1 号刀补
N40 G00 G42 X45.0 Z2.0；	快进至切削循环点、加右刀补

N50 G90 X43.0 Z－55.0 F0.6；	切削 ϕ40 外圆循环第一刀给切断让 5 mm
N60 X41.5；	第二刀切深 1.5 mm
N70 X38.0 Z－34.8；	切削锥面大径 ϕ30 第一刀切深 3.5 mm
N80 X35.0；	第二刀切深 3 mm
N90 X31.0；	第三刀切深 3 mm
N100 X29.0 Z－19.5；	切削锥面小径 ϕ20 第一刀切深 3 mm
N110 X26.0；	第二刀切深 3 mm
N120 X23.0；	第三刀切深 3 mm
N130 X20.0；	第四刀切深 3 mm
N140 X17.0；	第五刀切深 3 mm
N150 X15.8；	第六刀切深 3 mm
N155 G00 X45.0 Z2.0；	返回起刀点为切削锥面作准备
N160 X32.0 Z－18.5；	快进至车削锥面起点
N170 G90 X40.0 Z－34.8 R－5.5 F0.6；	切削锥面第一刀、粗车进给量 0.6
N180 X37.0 Z－34.8 R－5.5；	切削锥面第二刀
N1190 X34.0 Z－34.8 R－5.5；	切削锥面第三刀
N200 X31.0 Z－34.8 R－5.5；	切削锥面第四刀
N210 G00 X45.0 Z2.0 S2 200；	返回起刀点为统一精车作准备换转速 1 800r/min
N220 X14.90 F0.08；	进入 $\phi15^{0}_{-0.24}$外圆起刀点
N230 G01 Z－20.0 F0.08；	精车 $\phi15^{0}_{-0.24}$外圆精车进给率 0.08mm/r
N240 X20.0；	精车 $\phi15^{0}_{-0.24}$～ϕ20 圆环
N250 X30.0 Z－35.0；	精车 ϕ20 ～ϕ30 锥面
N260 X39.90；	精车 ϕ30～$\phi40^{0}_{-0.24}$圆环

N270 Z－55.0；　　　　　　　精车 $\phi40^{0}_{-0.24}$外圆

N280 G28 U10.0 W10.0 T0100；返回参考点，取消 1 号刀补

N290 M30；　　　　　　　　　程序结束

（四）注意事项

（1）对于单件车削一般先平端面，这样有利于确定长度方向的尺寸。对于铸件应先车倒角以免刀尖与外皮接触量较大或与砂型接触从而造成刀尖损坏。

（2）对尺寸精度、表面粗糙度要求较高的工件，应分粗车、半精车、精车几个加工阶段。如果毛坯余量较大则必须用 45°端面刀粗车端面。

（3）对于数控单件车削来说，由于对刀时须车削，而刀架上的刀位有限，因此端面一般都用手动车削，编程时可以不将端面程序编出。

第四节　双头圆锥零件

【实例】双头锥零件如图 4-3 所示，毛坯材料为 45 钢$\phi30\times100$。

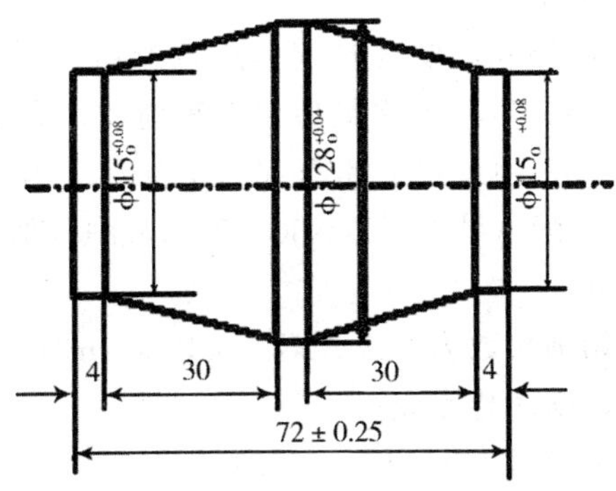

图 4-3　双头锥零件

（一）工艺分析

1. 用三爪自定心卡盘夹持左端，棒料伸出卡爪外 80mm，采用手动切削右端面。粗、精车须对两次对刀，精车刀时应采用增量贴近法确认。粗车后留精车余量 0.8mm。

2. 应用子程序编程。

3. 确定加工路线，从右到左开始加工，单件手动平右端面。

（1）粗车 ϕ15 外圆→ϕ15～ϕ28 圆锥面→ϕ28 外圆→ϕ15～ϕ28 圆锥面→ϕ15 外圆。

（2）精车加工路线同粗车路线。

4. 选择刀具与切削用量。

表 4-3

工步	工步内容	刀具号	刀具规格	主轴转速 (r/min)	进给速度 (mm/r)	背吃刀量 (mm)
1	粗车外圆	T01	机夹 90°正偏刀	800	0.5	2.432
2	精车外圆	T01	机夹 90°正偏刀	恒线速 120m/min	0.01	
3	端面刀	T03	机夹 45°正偏刀	800	手控	

（二）相关计算

分析毛坯 ϕ30mm，设 X 向起刀点为 $X=30$，第一次 X 向进刀直径量为 2mm。X 向工件最后起刀车削尺寸为 ϕ15mm。但须留精车量 0.8mm，因此最后粗车起刀车削尺寸为 ϕ15.8mm。所以 X 轴的进刀切削总量为 $\sum X=30-2-15.84$（加入公差中间值 0.04）$=12.16$mm。

设定总的切削次数为 6 次，第一次切深 2mm，而后 6 次切削需分成 5 等份车削才能完成。

则：每次进刀量为 12.16/5＝2.432mm。

（三）刀具选择

1. 选两把 90°机夹正偏刀 T01 为粗车刀、T02 为精车刀。

2. 45°端面刀。

（四）加工程序

O0033	程序名
N10 G28 U0 W0 T0100；	返回参考点、取消 1 号刀补
N20 T0101；	调 1 号刀导入 1 号刀补
N30 G97 M03 S800；	主轴正转 800r/min
N40 G00 X30.0 Z2.0；	快速到粗车起点
N50 M98 P60233；	调用子程序，并循环 6 次
N60 G00 G40 X100.0；	X 轴返回换刀点并取消刀补
N70 Z100.0；	Z 轴返回换刀点
N80 T0202；	换 2 号精车刀、导入 2 号刀补
N90 G96 S120；	采用恒线速度 120 m/min
N100 G00 G42 X15.04 Z2.0；	快速到精车起点、加入右刀补
N110 G01 Z－4.0 F0.1；	精加工右侧 ϕ15 外圆
N120 X28.06 Z－34.0；	精加工 ϕ15～ ϕ28 外圆锥
N130 Z－38.0；	精加工 ϕ28 外圆
N150 X15.06 Z－68.0；	精加工 ϕ28～ ϕ15 倒圆锥
N160 Z－72.0；	精加工左侧 ϕ15 外圆
N170 G00 G40 X100.0；	X 轴返回换刀点并取消刀补
N180 Z100.0；	Z 轴返回换刀点
N190 M02；	主程序结束
%	
O0233	子程序名
N100 G01 U－2.0 F0.5；	进到切削起点处，留切削余量
N110 W－6.0；	粗加工右侧 ϕ15 外圆
N120 U13.0 W－30.0；	粗加工 ϕ15～ ϕ28 外圆锥
N130 W－4.0；	粗加工 ϕ28 外圆
N140 U－13.0 W－30.0；	粗加工 ϕ28～ ϕ15 倒圆锥
N150 W－4.0；	粗加工左侧 ϕ15 外圆
N160 G00 U16.0；	离开已加工表面退刀

N170 W74.0；　　　　　　回到循环起点处

N170 U－16.432；　　　　调整每次循环的切削量

N180 M99；　　　　　　　子程序结束，并回到主程序

（五）注意事项

（1）在主程序中，子程序调用完成返回后的语句一定要设置正确的绝对坐标指令，否则将继续执行增量坐标运动方式，将会产生位置错误甚至撞刀的事故。

（2）在车削倒锥时一定要注意锥度与车刀副后角的关系，不能出现刀具干涉现象。

（3）循环车削圆锥时的车削路线应保持与锥体母线相平行，车削次数可采用下式进行计算：

$n=(D-d)/2\alpha_p$

D：圆锥大径、d：圆锥小径、α_p 背吃刀量（单边尺寸）。

若计算循环次数 n 为小数，则只取整数，循环后再车一刀至尺寸，若须精车则先留出精车量后计算循环次数，最后一刀精车至尺寸。

（4）注意产生双曲线误差的判别，分析其产生的原因。

（5）车内圆锥要注意受到刀杆刚性、排屑及车床机械精度等多种因素影响，产生的振动和“让刀”，应考虑适当调整有关切削用量等措施。

（6）双曲线误差的产生及消除。根据圆锥体的原理，圆锥母线是一条直线。如果用一个平行并离开圆锥轴线的剖切面将圆锥切开，其剖切面的外形是双曲线。若在切削圆锥时，车刀刀尖没有与车床主轴轴线等高，则加工后的圆锥表面就会产生双曲线误差，这个误差只有通过将刀尖严格与车床主轴轴线等高才能消除。

课题训练

全部 3.2
φ30$^{+0.06}_{0}$
φ20
φ16$^{+0.08}_{0}$
18
15
5
45 ± 0.21
说明：工件外圆未注倒角均为C0.5
课题 双锥体加工训练 名称 双锥体零件 时间
图号 比例 1∶1 材料 LY12 数量

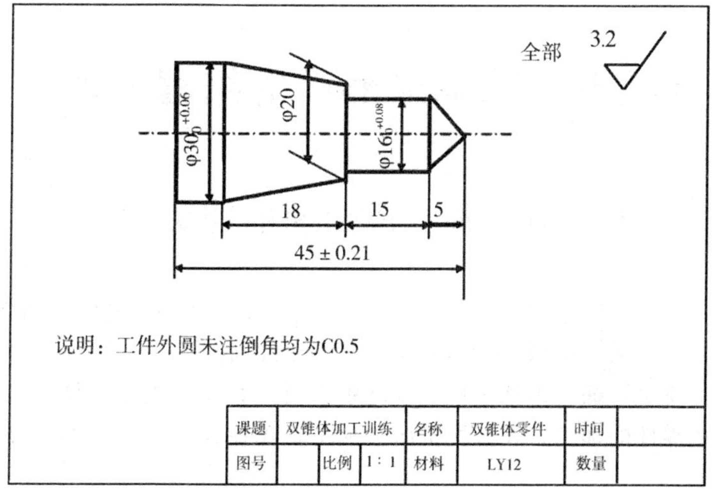

课题五　圆弧成形面的编程与训练

第一节　圆弧成形面的相关知识

在数控机床加工过程中，经常遇到工件轮廓是由单一圆弧、圆弧和圆弧、圆弧和直线相切、相交而构成的一些成型面零件，如各类手摇柄、单球手柄、双球手柄及一些简单工艺品件等。对这些零件的加工，在数控机床上加工要比在普通机床上加工容易得多。

一、圆弧类零件的编程

在对圆弧类零件编程时，经常会遇到一些编程计算问题，简单回转体零件要通过结构图上的圆弧、圆心坐标等利用勾股定理、三角函数、平面几何等相关数学计算来得到基点坐标；对于复杂回转体零件的圆弧与圆弧相切、相交则要通过给定零件图的相关尺寸，采用解析几何列解方程来求解。对于一些特殊复杂的成型面，可以在计算机上应用绘图软件（如 AutoCAD 等）精确绘出零件轮廓，然后利用软件的测量功能进行精确的测量，即可得出各点的坐标值。

1. 利用基本指令法编程

（1）利用同心圆法　在车削圆弧时，不可能一次走刀就将圆弧加工好，可采用不同的半径圆弧来车削，最后将所需的圆弧加工出来，此法对于 90°圆弧起点的零件数值计算最简单，编程方便，经常采用，另外利用圆弧形车刀加工时，可采用改变运动轨迹半径按顺逆往复的切削形式进行编程，这时编程应将刀具圆弧半径考虑进去。

（2）车锥加工圆弧法　在车削圆弧时，先车削一个圆锥再去车削圆弧。但要注意车锥时的起点和终点的确定。若确定不好，则可能导致圆弧表面的过切，这时必须进行精确的计算。

2. 利用子程序法编程　在利用子程序编程时，应注意计算的正确性，否则会出现尺寸上的错误。

3. 利用循环指令法编程　对于大多数凹槽类圆弧成形面零件，但在FANUC系统中又无法利用G71循环指令编程，因此只能利用G73循环指令编程加工。

二、圆弧零件加工刀具

在加工圆弧成形面时，圆弧形成形车刀是较为特殊的数控加工刀具，其特征是：构成主切削刃的刀刃形状是以一圆度误差或轮廓误差很小的圆弧形切削刃的车刀（图5-1）。

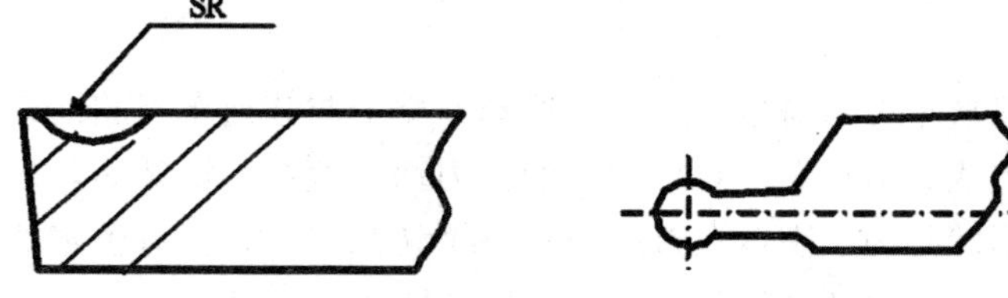

图5-1　圆弧形刀具

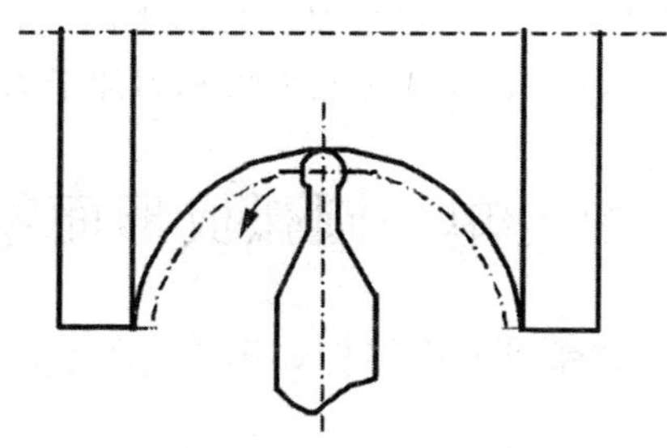

图5-2　圆弧加工示意图

该车刀圆弧刃上每一点都是圆弧形车刀的刀尖，因此刀位点不在圆弧上，而在该圆弧的圆心上。在车削时圆弧形车刀的切削刃与被加工轮廓曲线做相对“滚动”运动（图 5-2）。这时，车刀在不同的切削位置上，其刀尖也在圆弧切削刃上有不同的位置，即“切点”。也就是说，圆弧形车刀切削刃对于零件的车削是以无数个连续变化位置的“刀尖”进行的，为了使这些不断变化位置的“刀尖”能按加工要求运动，所以规定圆弧车刀的刀位点必须在圆弧刃的圆心位置上。

圆弧刀具的选择　圆弧形车刀的几何参数除了前角及后角外，主要几何参数为车刀圆弧切削刃的形状及半径。

选择车刀圆弧半径的大小时，应考虑以下两点：

(1) 车刀切削刃的圆弧半径应当小于或等于零件凹形轮廓上的最小半径，以免发生干涉。

(2) 车刀切削刃的圆弧半径不宜选择太小，否则不仅难制造，而且还容易因刀头强度太弱或刀体散热能力差，使刀具受到损坏。

圆弧形车刀的前角、后角在选择原则上与普通车刀相同，只不过是形成其前角大于 0°，这时的前刀面一般都为凹球面，形成的特殊形状是为了满足在刀刃的每一个切削点上，都有恒定的前角和后角，以保证在切削过程中的稳定性和加工精度。

在加工凹圆弧时，当加工不受外圆车刀的副切削刃干涉的情况下，一般优选普通机夹外圆车刀进行加工圆弧，只有受到外圆车刀的副切削刃干涉时，才选择圆弧形车刀加工圆弧。

第二节　单一圆弧成形面零件

【实例】单一圆弧成形面零件如图 5-3 所示，毛坯材料为 45 钢 ϕ65×100。

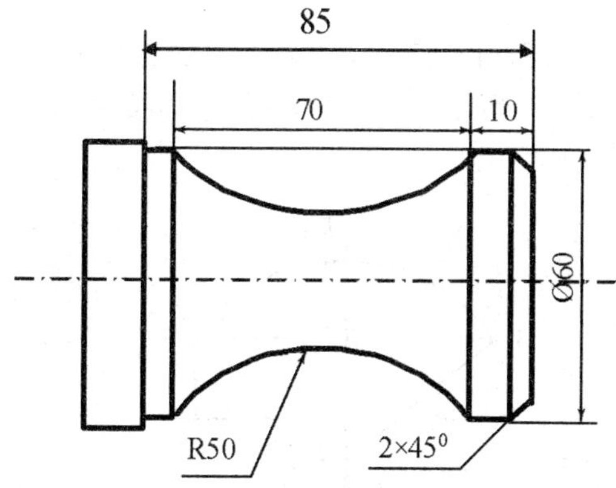

图 5-3　单一圆弧成形面零件

（一）工艺分析

1. 用三爪自定心卡盘夹持左端，棒料伸出卡爪外 90mm。粗车后留精车余量 0.8mm。

2. 用基本指令编程（圆弧形刀以刀具圆弧圆心编程）。

3. 确定加工路线，从右到左开始加工，单件手动平右端面。

（1）粗、精车（用 1、2 号正偏刀）ϕ60 外圆→2×45°倒角。

（2）粗、精车（用 3 号 *R*2.5 圆弧刀）*R*50 圆弧。

4. 选择刀具与切削用量。

表 5-1

工步	工步内容	刀具号	刀具规格	主轴转速（r/min）	进给速度（mm/r）	背吃刀量（mm）
1	端面刀（手控）	T04	机夹 45°正偏刀	800		
2	粗车外圆	T01	机夹 90°正偏刀	800	0.4	1.5
3	精车外圆	T02	机夹 90°正偏刀	1 800	0.1	0.8
4	圆弧形车刀	T03	*R*2.5 圆弧刀	粗 800、精 1 900	0.2、0.1	粗 6、精 1.586

（二）相关计算

采用同心圆法利用圆弧形车刀顺、逆加工车削 $R50$ 圆弧。圆弧切削路线如图 5-4 所示，圆弧中心点 O 连接圆弧弦 AB、连接半径 OA，求：OC 长度。

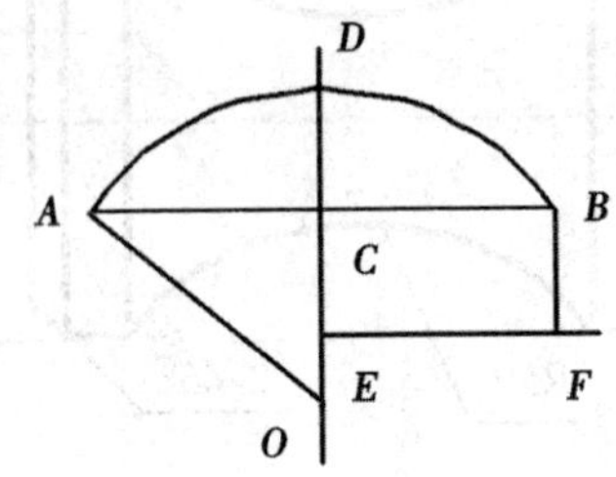

图 5-4　圆弧相关计算示意图

利用勾股定理有 $OC=\sqrt{OA^2-AC^2}=\sqrt{50^2-35^2}$

$=35.707$mm。

弦高 $CD=50-35.707=14.293$mm。

圆弧车削起刀点“F”的取法与计算：

X 向：从 C 点向下取长度等于 CD 的点 E，作平行线 EF 交 AB 的垂直线 BF 于 F 点，则 F 点的直径尺寸为 $60+2\times14.293=88.586$。由上得 F 点坐标为（88.586，－10.0）。但在进第一刀时，加上圆弧形车刀的圆弧半径 2.5mm 再减去第一次粗车量 6mm 应为：

$88.586+2.5-6=85.086$mm。

Z 向：在进第一刀时，减去圆弧形车刀的圆弧半径 2.5 应为：$-10-2.5=-12.5$mm。运行圆弧长度为 $70-2\times2.5=65$mm。

粗车进刀点计算：

若圆弧处留 0.8mm 的精车余量，则圆弧起点应车刀应进至 $60+0.8=60.8$mm。

（三）加工程序

程序	说明
O0041	程序名
N10 G28 U0 W0 T0100；	返回参考点、取消 1 号刀补
N20 G50 S2000；	主轴限速最大不超过 2 000 r/min
N30 S800 M03 T0101；	主轴正转 800 r/min、导入 1 号粗车刀补
N40 G00 G42 X65.0 Z2.0 M08；	快进至切削循环点、加右刀补、切削液开
N50 G90 X62.0 Z－85.0 F0.4；	切削 ϕ60 外圆循环第一刀切深 3mm
N60 X60.8；	第二刀切深 1.2 mm
N70 G00 X65.0 Z1.0；	退刀至倒角处准备切削
N80 X56.8；	快进至倒角入刀点
N90 G01 X60.8 Z－1.0 F0.4；	倒角粗车切深 1mm
N100 G28 U10.0 W10.0 T0100；	返回参考点、取消 1 号刀补
N110 S1800 T0202；	调转速 1 800 r/min、导入 2 号精车刀补
N120 G00 G42 X52.0 Z2.0；	快进至精车起点、加右刀补
N130 G01 X60.0 Z－2.0 F0.2；	倒角精车切深 1mm
N140 Z－85.0；	精车 ϕ60 外圆
N150 G00 G40 X100.0；	*X* 向退刀、取消刀补
N160 Z100.0；	*Z* 向退刀
N170 S800 T0303；	调转速 800 r/min、导入 3 号圆弧形车刀补
N180 G00 X85.086 Z－12.5；	快进至圆弧粗车入刀点
N190 G02 W－65.0 R50.0 F0.1；	粗车逆圆弧第一刀切深 6 mm
N200 G01 X76.586；	X 向工进 6 mm
N210 G03 W65.0 R50.0；	粗车顺圆弧第二刀切深 6 mm
N220 G01 X70.586；	*X* 向工进 6 mm

N230 G02 W−65.0 R50.0；	粗车逆圆弧第三刀切深 6 mm
N240 G01 X64.586；	X 向工进 6 mm
N250 G03 W65.0 R50.0；	粗车顺圆弧第四刀切深 6 mm
N260 G01 X60.8 F0.1；	X 向工进 3.786 mm
N270 G02 W−65.0 R50.0；	粗车逆圆弧第五刀切深 3.786 mm
N280 S1900；	调转速 1 900 r/min、准备精车
N290 G01 X60.0 F0.1；	X 向工进 0.8 mm
N300 G03 W65.0 R50.0；	精车顺圆弧切深 0.8mm
N310 G00 X100.0；	X 轴返回换刀点
N320 Z100.0 M09；	Z 轴返回换刀点，切削液关
N330 M30；	程序结束

（四）注意事项

（1）数控车床上车削圆弧面时要注意副切削刃的角度要较大，不能与工件产生干涉，必要时可用圆弧形车削刀具，在利用圆弧形车削刀具编程时应用圆弧形刀具的圆心编程，这时刀具行走的轨迹要把刀具的半径考虑进去。

（2）若直径量相差比较大，应设定主轴线速度恒定。

第三节　圆弧连接组合零件

【实例】圆弧组合件刀柄如图 5-5 所示，毛坯材料为 65 钢 $\phi30\times120$。

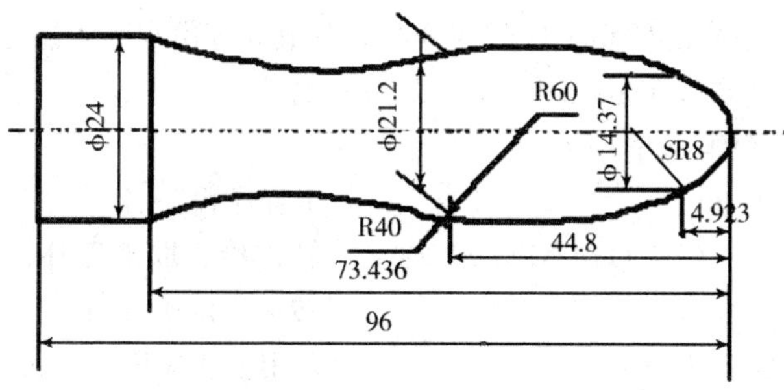

图 5-5　刀柄零件

（一）工艺分析

1. 用三爪自定心卡盘夹持左端，棒料伸出卡爪外 105mm。粗车后留精车余量 0.8mm。

2. 用子程序编程。

3. 确定加工路线，从右到左开始加工，单件手动平右端面。

（1）粗车（90°1 号正偏刀）SR 圆球头→*R*60 圆弧→*R*40 圆弧→ϕ24 外圆。

（2）精车（90°2 号正偏刀）同上粗车路线。

4. 选择刀具与切削用量。

表 5-2

工步	工步内容	刀具号	刀具规格	主轴转速（r/min）	进给速度（mm/r）	背吃刀量（mm）
1	端面刀	T03	机夹 45°正偏刀	800		
2	粗车外圆	T01	机夹 90°正偏刀	800	0.4	3.84
3	精车外圆	T02	机夹 90°正偏刀	1 900	0.1	0.8

（二）相关计算

分析毛坯 ϕ30mm，设 *X* 向起刀点为 X32，第一次 *X* 向进刀为 12mm。（直径量）*X* 向工件最后起刀车削尺寸为 ϕ0.8mm（所留精车量)。所以 X 轴的进刀切削总量为：$\sum X=32-12-0.8=19.2$mm。设定总的切削次数为 6 次，分成 5 等份车削才能完成。

则每次进刀量为：19.2/5＝3.84mm。

（三）加工程序

程序	说明
O0042	主程序程序名
N10 G99 G97 G40 M03 S1200；	转进给、取消刀补、正转转速 1 200r/min
N20 G96 S150；	采用恒线速度 150 m/min
N30 T0101；	调 1 号刀、导入 1 号刀补
N40 G00 G42 X32.0 Z1.0；	快进到切削起点、右补偿
N50 G01 Z0 F0.4；	移到子程序起点处、
N60 M98 P60441；	调用子程序，并循环 6 次
N70 G00 G97 G40 S1200 X100.0；	X 轴返回对刀点、取消恒线速度
N80 Z100.0；	Z 轴返回对刀点
N90 M05；	主轴停
N100 T0202；	调二号精车刀
N110 G97 M03 S1900；	主轴正转，转速 1 900 r/min
N120 G96 S120；	采用恒线速度 150 m/min
N130 G00 G42 X0 Z2.0；	快进到 Z 轴线上
N140 G01 Z0 F0.1；	到精车起点
N150 G03 X14.37 Z－4.923 R8.0；	精车 $R8$ 圆球头
N160 G03 X21.2 Z－44.8 R60.0；	精车 $R60$ 凸圆弧面
N170 G02 X24.0 Z－73.436 R40.0；	精车 $R40$ 凹圆弧面
N180 G01 Z－96.0；	精车 $\phi24$ 外圆
N190 G00 G40 G97 S1900 X100.0；	X 轴退刀到换刀点、取消刀补
N200 Z100.0；	Z 轴退刀到换刀点
N210 M05；	主轴停

```
N220 M02;                          主程序结束
%
O0441                              子程序名
N300 G01 U－12.0 F0.4;             进刀至切削起点
N310 G03 U14.37 W－4.923 R8.0;     粗加工 R8 圆球头
N320 G03 U6.83 W－39.877 R60.0;    粗加工 R60 凸圆弧面
N330 G02 U2.8 W－28.636 R40.0;     粗加工 R40 凹圆弧面
N340 G01 W－22.564;                加工 φ24 外圆
N350 G00 U4.0;                     离开已加工表面
N360 W96.0;                        回到循环起点 Z 轴处
N370 G01 U－19.84 F0.4;            调整每次循环的切削量
N380 M99;                          子程序结束
```

（四）注意事项

（1）灵活地使用子程序既可用于粗车也可用于精车，另外还可使程序的编制大大简化。

（2）在用子程序编程时，若需要精加工则就要留余量，方法只是在计算上相当于在入刀点 X 轴尺寸预留出来，在每次进刀量上计算进去即可。

（3）在球面上各点的斜率不同，所以在车削时要设定主轴线速度恒定，退刀后还应取消恒线速度。

课题训练

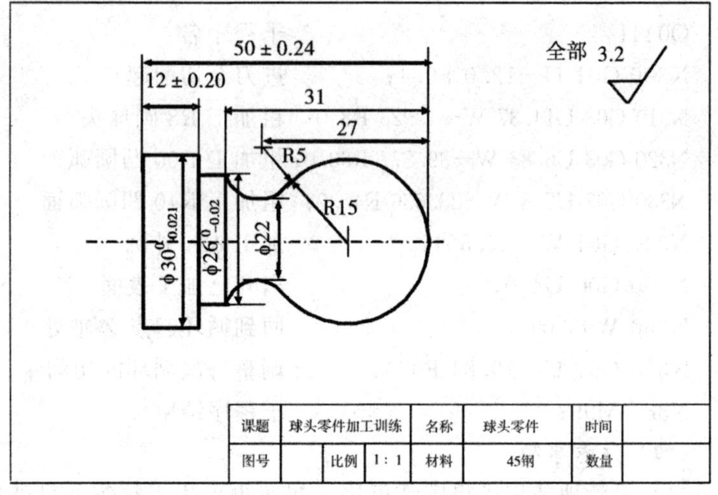

课题	球头零件加工训练			名称	球头零件	时间	
图号		比例	1∶1	材料	45钢	数量	

课题六　切槽与切断的编程与训练

第一节　切槽相关知识

在数控加工零件过程中，经常需要切断零件；在车削螺纹时为退刀方便，并使零件装配有一个正确的轴向位置须开设退刀槽；在加工变径轴过程中也常用排刀切削等加工零件。这些都需要进行切槽或切断，所以说切槽或切断是机械加工过程中不可缺少的一个环节。

一、切槽与切断加工的特点

1. 切削力大　由于此类件加工时切屑与刀具、工件的摩擦，另外由于加工时被切金属的塑性变形大，因此，在切削相同条件下，切槽（断）的切削力比一般车削外圆时的切削力大20%～25%。

2. 切削变形大　加工时由于刀具的主切削刃和左、右副切削刃同时参与切削，切屑排出时，受到槽两侧的摩擦、挤压作用。随着切入的增加，直径也不断减小。相对的切削速度也不断减小，挤压现象更为严重以致切削变形大。

3. 切削热集中　由于在加工时，摩擦剧烈切削热多。另外刀具处于封闭状态下工作，同时刀具切削部分的散热面积小，切削时温度较高使切削热集中在刀具的切削刃上，因此，这样会更加加速刀具的磨损。

4. 刀具刚性差　由于刀头的主切削刃窄且狭长，因此，刀具的刚性差，加工时易产生振动。

5. 排屑困难　由于切屑是从狭窄的切削槽中排出的，受到槽壁摩擦阻力的影响，切屑排出比较困难，且还有可能卡在槽内，从而引起振动或损坏刀具。因此，加工时应使切屑按一定方向卷曲，使其顺利排出。

二、常用切槽与切断的刀具

切槽（切断）刀是以横向进给为主，前端的切削刃为主切削刃，有两个刀尖，两侧为副切削刃，刀头窄而长，强度差。主切削刃太宽会引起振动，切断时浪费材料，太窄又削弱刀头的强度。主切削刃可以用如下经验公式计算：$\alpha \approx (0.5 \sim 0.6)\sqrt{d}$（mm）

其中 α：主切削刃的宽度（mm）；d：待加工零件表面直径（mm）。

刀头的长度可以用如下经验公式计算：$L = h + (2 \sim 3)$（mm）

其中 L—刀头长度（mm）；h—切入深度（mm）。

三、车槽工序安排

车槽一般安排在粗车和半精车之后，精车之前。若零件的刚性好或精度要求不高时也可以在精车后再车槽。

四、切削用量的确定

1. 背吃刀量 α_{P}　横向切削时，切断与切槽刀的背吃刀量等于刀的主切削刃宽度（$\alpha_P = \alpha$），所以只需确定切削速度和进给量。

2. 进给量 f　由于刀具的刚性、强度及散热条件差，所以应适当地减小进给量，过大时容易使刀折断；太小时刀的后面与工件产生强烈的摩擦会引起振动。另外还要根据机床的功率、工件的硬度、刀具材料来综合考虑。当采用高速钢刀具车削钢料时，可选择 0.05～0.1mm/r、车削铸铁时可选择 0.1～0.2mm/r；当采用硬质合金刀具车削钢料时，可选择 0.1～0.2mm/r、车削铸铁时可选择 0.15～0.25mm/r。

3. 切削速度 υ　切断与切槽刀时的实际切削速度随着刀具的切入越来越低，因此，加工时速度可选高一点。当采用高速钢刀具车削钢料时，可选择 30～40m/min、车削铸铁时可选择 15～25m/min；当采用硬质合金刀具车削钢料时，可选择 80～120m/min、车削铸铁时可选择 60～100m/min。

第二节　槽类零件

一、单槽零件

【实例】单槽零件如图 6-1 所示，外圆已加工完成槽的切削，毛坯材料 45 钢 ϕ55×120。

（一）工艺分析

1. 用三爪卡盘夹持左端，棒料伸出卡爪外 60mm。

2. 应用基本指令编程。

3. 确定加工路线，从右到左开始加工，单件手动平右端面。粗车 ϕ22 外圆→精车 ϕ22 外圆→切槽 ϕ16。

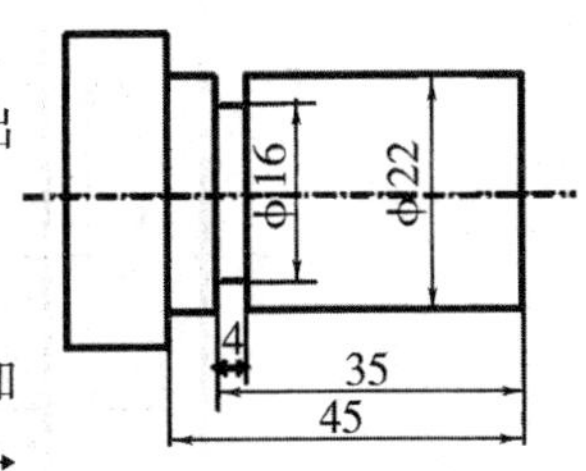

图 6-1　单槽类零件

4. 选择刀具与切削用量。

表 6-1

工步	工步内容	刀具号	刀具规格	主轴转速 (r/min)	进给速度 (mm/r)	背吃刀量 (mm)
1	粗车外圆	T01	机夹 90°正偏刀	800	0.4	
2	精车外圆	T01	机夹 90°正偏刀	1 800	0.15	
3	切槽刀	T02	机夹、刀宽为 4	800	0.1	4

（二）加工程序

O0031	程序名
N10G28U0W0T0100；	返回参考点、取消 1 号刀补
……	外圆编程略
N100T0202；	调 2 号刀、导入 2 号刀补
N120M03S800；	主轴正转 800 r/min

N130G00X24.0Z－39.0；　　快进至切削入刀点
N140G01X16.0F0.1；　　切削工进
N150G04P200；　　暂停 2 000 ms
N160G00X100.0；　　X 向退刀返回参考点
N170Z100.0；　　Z 向退刀返回参考点
N180M02；　　主程序结束

二、多槽零件

【实例】多槽零件如图 6-2 所示，毛坯材料 45 钢 ϕ30×60。

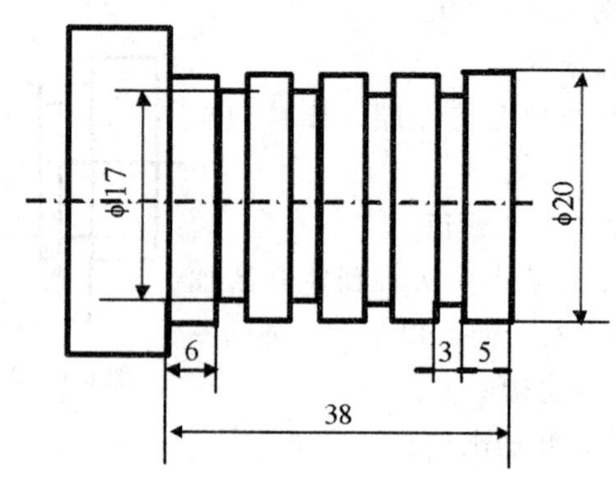

图 6-2　多槽类零件

（一）工艺分析

1. 用三爪卡盘夹持左端，棒料伸出卡爪外 60mm，找正夹紧。

2. 应用子程序编程。

3. 确定加工路线从右到左开始加工，单件手动平右端面。粗车 ϕ20 外圆→精车 ϕ20 外圆→切槽 ϕ17。

4. 选择刀具与切削用量。

表 6-2

工步	工步内容	刀具号	刀具规格	主轴转速 (r/min)	进给速度 (mm/r)	背吃刀量 (mm)
1	粗车外圆	T01	机夹 90°正偏刀	800	0.4	
2	精车外圆	T01	机夹 90°正偏刀	1 800	0.15	
3	切槽刀	T02	机夹、刀宽为 4	800	0.1	4

（二）加工程序

（方法一 采用子程序）

程序	说明
O0052	程序名
……	外圆编程略
N100 G99 G97 S800 M03；	转进给、取消刀补、正转 800 r/min
N110 T0202；	调 2 号刀、导入 2 号刀补
N120 G96 S120；	恒线速度有效、线速度为 120m/min
N130 G00 X22.0 Z0；	X 轴快速移动到切槽起点
N140 Z－8.0；	Z 轴快移到切槽起点
N150 M98 P041222；	调用子程序、循环 4 次子程序名 1222
N160 G00 X100.0 Z100.0；	快速返回换刀点
N170 M05；	主轴停
N180 M30；	主程序结束并复位
%	
O1222；	子程序名
N190 G01 U－5.0 F0.1；	加工第一个 ϕ17 的槽
N200 G04 U2.0；	暂停 2 秒，光整加工
N210 G00 U5.0；	退离已加工表面
N220 W－8.0；	增量进到第二个切槽起点
N230 M99	子程序结束，回到主程序

(方法二 采用复合循环程序)

O0053	程序名
……	外圆编程略
N100 G99 G97 S800 M03；	转进给、取消刀补、正转 800 r/min
N110 T0202；	调 2 号刀、导入 2 号刀补
N120 G96 S120；	恒线速度有效、线速度为 120m/min
N130 G00 X22.0 Z0；	X 轴快速移动到切槽起点
N140 Z−8.0；	Z 轴快移到切槽起点
N150 G75 R0.3；	切槽复合循环
N160 G75 X17.0 Z−32.0 P1500 Q8000 R0 F0.1；	切槽复合循环设定参数
N160 G00 X100.0 Z100.0；	返回换刀点
N170 M02；	主程序结束

(三) 注意事项

(1) 多槽切削加工采用子程序编程时须用增量形式，采用 G75 循环指令加工时，指令程序段前循环点的位置，也就是循环加工结束时，刀具返回的终点位置。

(2) 在数控机床上，一次切槽的宽度取决于切槽刀的宽度，宽槽可以用多次排刀法切削，也可以用循环指令 G75 编程，但在 Z 方向退刀时移动距离应小于刀头的宽度，刀具从槽底退出时必须沿 X 轴完全退出，否则将发生碰撞，另外槽的形状取决于切槽刀的形状。

(3) 切断时对于实心工件，工件半径应小于切断刀头的长度，由于切断刀伸入工件被切的槽内，周围被工件和切屑所包围，散热情况极为不利，为此，应加注切削液进行冷却。对于空心工件，工件的壁厚应小于切断刀头的长度。在切断较大直径的工件时不能将工件直接切断，应采取其他办法防止事故发生。

(4) 车矩形外沟槽的车刀其主切削刃应安装于车床主轴轴线平等并等高的位置上，过高过低都不利于切断。

(5) 切断过程出现切断平面呈凸、凹形等和因切断刀主切削刃磨损及“扎刀”，要注意调整车床主轴转速和加工程序中有关的进给速度数值。

(6) 当主轴的径向圆跳动误差较大或槽既深又窄时，且切屑不易断时可采用反切法，其加工程序不变。

第三节　端面槽零件

【实例】端面槽零件如图 6-3 所示，毛坯材料 45 钢 ϕ75×40。

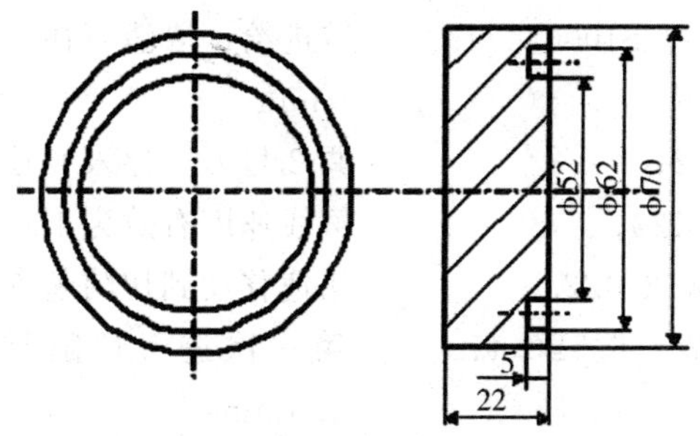

图 6-3　端面槽零件

(一) 工艺分析

1. 用三爪卡盘夹持左端，棒料伸出卡爪外 30mm，找正夹紧。

2. 应用基本指令编程。

3. 确定加工路线，从右到左开始加工，单件手动平右端面。粗车 ϕ70 外圆→精车 ϕ70 外圆→端面切槽（两次加工）。

4. 选择刀具与切削用量。

表 6-3

工步	工步内容	刀具号	刀具规格	主轴转速（r/min）	进给速度（mm/r）	背吃刀量（mm）
1	45°端面刀	T03	重磨车刀	1 000		
2	粗、精车外圆	T01	机夹 90°正偏刀	800/1 500	0.4	
3	端面切槽刀	T02	机夹、刀宽为 4	800	0.1	4

（二）加工程序

O0054	程序名
……	外圆程序略
N200G99G97S1000M03；	转进给、取消刀补、正转1 000 r/min
N210T0202；	调 2 号刀、导入 2 号刀补
N220G96S120；	恒线速度有效为 120 m/min
N230G00X62.0Z2.0；	快速移动到切削起点处
N240G01W－6.5F0.1；	第一次进刀切削至端面深度 4.5 mm
N250G01Z2.0；	*Z* 向退刀到入刀点
N260X60.0；	*X* 轴进到切削起点
N270G01W－7.0F0.1；	第二次进刀切削至端面深度 5 mm
N280X62.0；	精加工端面槽底部
N290G00Z100.0；	*Z* 轴退刀至换刀点处
N300X100.0；	*X* 轴退刀至换刀点处
N310M02；	主程序结束

（三）注意事项

（1）端面槽刀的主切削刃，应安装和车床主轴轴线平行等高并垂直，由于主切削刃宽度较大刀头的强度低，因此进刀时的进给量要小。

（2）端面外槽刀在刃磨时，副后面必须按略小于端面槽外圈圆弧半径刃磨成圆弧形，以免车槽时副后面刮伤外圈槽壁。

课题训练

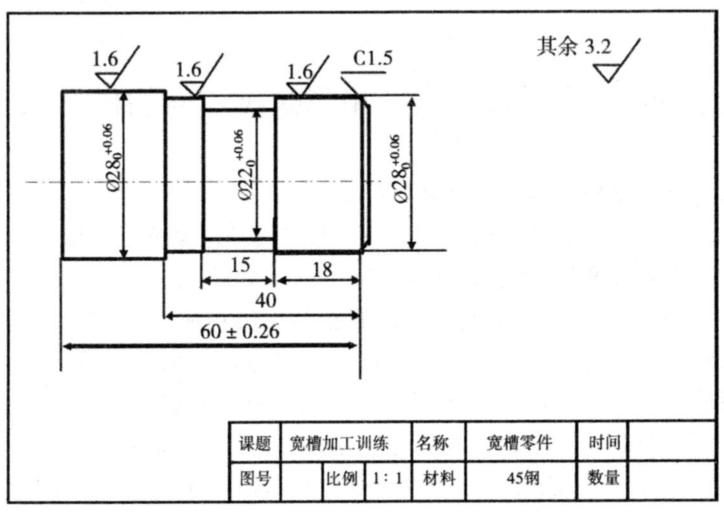

课题七　普通外、内螺纹的编程与训练

第一节　普通外、内三角形螺纹零件的相关知识

一、三角形螺纹的标记与尺寸

一个完整的普通螺纹标记是由螺纹代号、螺纹公差带代号和螺纹旋合长度代号组成，如：M30×1.5 左－5g6g－L。

M30×1.5 左为螺纹代号。它包括螺纹特征代号 M（普通螺纹）、公差直径（大径）ϕ30mm 细牙普通螺纹的螺距为 1.5mm（细牙普通螺纹不标注）及螺纹旋向为左旋（右旋不标注），5g6g 为螺纹公差带代号，非配合螺纹不标注。其中 5g 为螺纹中径公差带代号，5 为公差等级代号，g 为基本偏差代号。6g 为螺纹顶径公差带代号，当其顶径公差带与其中径公差带相同时，则省略该代号。L 为螺纹旋合长度，一般可以不标注。

二、三角形螺纹刀的装夹

1. 刀尖高　装夹螺纹车刀时，刀尖位置一般应与车床主轴轴线等高，特别是内螺纹车刀的刀尖高必须等高，以免出现“扎刀”“阻刀”“让刀”及螺纹面不光等现象。但是当高速切削螺纹时，为了防止振动和“扎刀”，其硬质合金车刀的刀尖应略高于车床主轴轴线 0.1～0.3mm。

2. 牙型半角　螺纹车刀两侧刀刃相对于牙型对称中心线的牙型半角应各等于牙型角的一半，它通过牙型对称中心线与车床主轴轴线处于垂直位置的安装要求而实现。如果把车刀装歪，所车螺纹会产生牙型斜等不正等现象。

3. 锥螺纹　车削锥螺纹在装刀时，一定要使螺纹刀刀杆轴线

与锥面相互垂直，否则将会出现锯齿形螺纹。

4. 刀头的伸出长度　刀头一般不要伸出过长，为刀杆厚度的1～1.5倍。内螺纹车刀的刀头加上刀杆后的径向长度应比螺纹底孔直径小3～5mm，以免退刀时碰伤牙顶。

三、车螺纹的安排

在数控设备上车螺纹一般安排在精车以后。

第二节　外三角形螺纹

一、单线圆柱螺纹

【实例】待加工外三角形螺纹零件如图7-1所示，M20螺纹、螺距P=1.5mm、螺纹有效长度32mm。

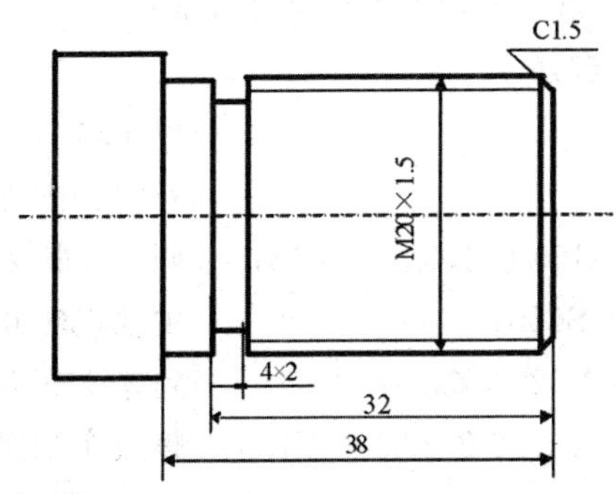

图7-1　单线圆柱螺纹零件

（一）工艺分析

1. 用三爪自定心卡盘夹持左端，棒料伸出卡爪外50mm。外圆、槽编程（略）。

2. 螺纹应用G92切削循环指令编程。

3. 确定加工路线，从右到左开始加工，单件手动平右端面。粗车ϕ20外圆→精车ϕ20（倒角）外圆→加工4×2槽→M20螺纹。

4. 选择刀具与切削用量。

表 7-1

工步	工步内容	刀具号	刀具名称	刀具规格 (mm^2)	主轴转速 (r/min)	进给速度 (mm/r)	背吃刀量 (mm)
1	车端面	T04	机夹 45°正偏刀	20×20	700	0.1	4
2	粗、精车外圆	T01	机夹 90°正偏刀	20×20	800/1 800	0.4/0.1	1.2/0.8
3	切槽	T02	刀宽 4mm	20×20		0.05	
4	车螺纹	T03	机夹 60°螺纹刀	20×20	650		

（二）相关计算

（1）加工外螺纹时外圆轮廓应车削到的尺寸为：d=公称直径－0.13p，即：$d=20-0.13\times1.5=19.805$mm。

（2）车螺纹时螺纹底径应车削到的尺寸为：d=公称直径－1.08p，即：$d=20-1.08\times1.5=18.38$mm。

（三）加工程序

程序	说明
O0061	程序名
……	外圆、槽程序略
N100 G00 X100.0 Z100.0 T0303;	调三号螺纹刀，确定坐标系
N110 M03 S650;	主轴正转 650r/min
N120 G00 X22.0 Z2.0;	到螺纹循环起点，升速段 2
N130 G92 X19.2 Z－29.0 F1.5;	螺纹车削第一刀切深 0.75 mm、降速段 1
N140 X18.7;	第二刀切深 0.5 mm
N150 X18.5;	第三刀切深 0.2 mm
N160 X18.38;	第四刀切深 0.12 mm
N170 X18.38;	第五刀光整加工
N180 G00 X100.0 Z100.0;	退回程序起点
N190 M02;	主程序结束

（四）注意事项

（1）从螺纹粗加工到精加工，进给速度倍率无效，主轴的转速被限制在100%上。

（2）在没有停止主轴的情况下，停止螺纹加工将很危险，因此螺纹加工时进给保持无效，若按下进给保持键，刀具在加工完螺纹后停止运动。

（3）螺纹加工中不使用恒定线速度控制。

（4）螺纹切削深度可采用数次进给，每次进给背吃刀量可按螺纹深度依次递减分配。

二、双线圆柱螺纹

【实例】图7-1若该为双线圆柱螺纹零件。M20×1.5/2螺纹、螺纹长度32mm。

（一）工艺分析

车削多线螺纹在FANUC系统中最常见方法是在加工完第一条螺纹后刀沿轴向后退一个螺距再切第二条螺纹。（其他同单线螺纹，但这时注意“*F*”后应写导程。）

（二）加工程序（用简单循环指令G92编程）

O0062	程序名
……	外圆、槽程序略
N120 G00 X22.0 Z2.0；	第一次入刀离端面2 mm做起刀点
N130 G92 X19.2 Z—29.0 F3.0；	螺纹车削第一刀切深0.6 mm
N140 X18.7；	第二刀切深0.5 mm
N150 X18.5；	第三刀切深0.2 mm
N160 X18.38；	第四刀切深0.12 mm
N170 X18.38；	第五刀光整加工
N180 G00 X22.0；	退回起刀点、到第二次入刀点 *X* 轴位置
N190 Z3.5；	让开一个螺距离端面3.5 mm
N200 G92 X19.2 Z—29.0 F3.0；	车削第二条螺纹第六刀切

	深 0.6 mm
N210 X18.7；	第七刀切深 0.5 mm
N220 X18.5；	第八刀切深 0.2 mm
N230 X18.38；	第九刀切深 0.12 mm
N240 X18.38；	第十刀光整加工
N250 G00 X100.0 Z100.0；	退回程序起点
N260 M02；	主程序结束

（三）加工程序（用复合循环 G76 指令编程）

G76 指令参数取值　精整次数 $C=3$、刀尖角 60°、螺纹牙高（半径量）$K=0.974$mm、精加工余量 $U=0.15$mm、最小切削深度 $V=0.1$mm、第一次切削深度 $Q=0.3$mm。

O0063	程序名
……	外圆、槽程序略
G97 S800 T0202 M03；	调二号螺纹刀，主轴正转、导入 2 号刀补
G00 X22.0 Z2.0；	到螺纹循环起点准备车削第一条螺纹
G76 P030060 Q100 R150；	复合切削循环指令
G76 X18.38 Z−29.0 P974 Q500 F3；	
G00 X22.0；	X 轴回退到切削起点
Z3.5；	沿 Z 轴后退螺距 1.5 到第二条螺纹循环起点
G76 P030060 Q100 R150；	复合切削循环指令
G76 X18.38 Z−29.0 P974 Q500 F3；	
G00 X100.0 Z100；	返回换刀点
M30；	主程序结束

（四）注意事项

（1）在数控车床上车削多线螺纹的关键是分度要准确，其工艺、刀具方面与普通机床车削多线螺纹基本相同。

（2）每次进给量可以凭经验选取，不用查表，这里应注意车螺纹时，螺纹底径应车削到的尺寸为：d＝公称直径－1.08p（查表理论值过深，车出牙型过尖）。

（3）FANUC系统中螺纹复合循环G76指令中P、Q、R等地址后的数值应以无小数点形式表示，其单位为微米制。

第三节　外锥三角形螺纹

编程举例

【实例】待加工单线三角形圆锥螺纹零件如图7-2所示，M40、螺距F＝1.5mm、螺纹长度40mm。

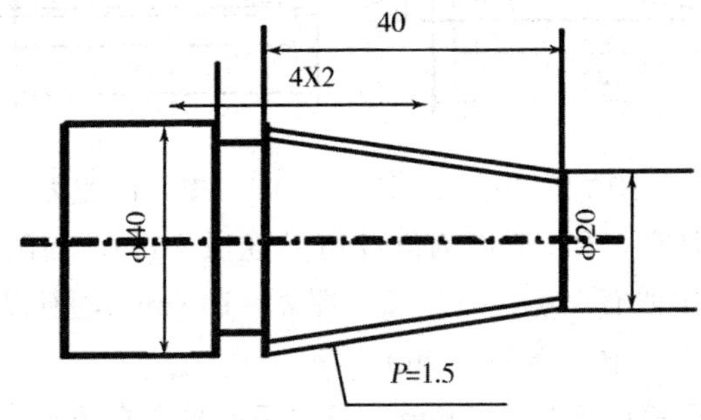

图7-2　单线圆锥螺纹零件

（一）工艺分析

1. 用三爪自定心卡盘夹持左端，棒料伸出卡爪外60mm。外圆、槽编程（略）。

2. 螺纹应用G76切削循环指令编程。

3. 确定加工路线，从右到左开始加工，单件手动平右端面。粗车ϕ20～ϕ40外圆锥→精车ϕ20～ϕ40外圆锥→加工4×2槽→M40锥螺纹加工。

4. 选择刀具与切削用量。

表 7-2

工步	工步内容	刀具号	刀具名称	刀具规格 (mm^2)	主轴转速 (r/min)	进给速度 (mm/r)	背吃刀量 (mm)
1	车端面	T04	机夹 45°正偏刀	20×20	700	0.1	4
2	粗、精车外圆	T01	机夹 90°正偏刀	20×20	700/1 800	0.5/0.1	1.2/0.8
3	切槽	T02	刀宽 4mm	20×20	800	0.05	
4	攻螺纹	T03	机夹 60°螺纹刀	20×20	700		

（二）相关计算

（1）设定升速进刀段 $\delta_1=2.0$mm，降速退刀段 $\delta_2=1.5$mm。

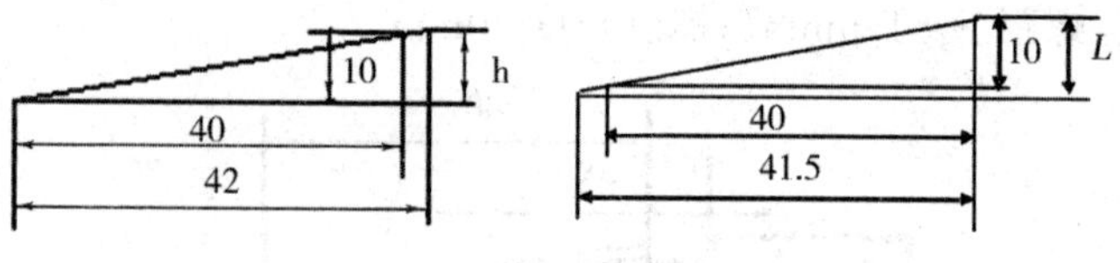

图 7-3 进刀　　图 7-4 退刀

（2）计算“R”值因为螺纹有升速段 2mm，如图 7-3 两个直角三角形相似有 $10/h=40/42$，即 $h=10.5$mm，所以在 $Z=2$ 处的直径为 $40-10.5\times2=19$mm。

因为螺纹降速段 1.5mm，如图 7-4 两个直角三角形相似有：$10/L=40/41.5$，即：$L=10.375$mm，所以在 $Z=-41.5$mm 处的直径为 $20+10.375\times2=40.75$mm。

由以上计算可得 $R=(19-40.75)/2=-10.875$mm。

（3）加工外轮廓圆锥螺纹小径 d 与大径 D 时，外圆锥应实际车削到的尺寸分别为

$d=20-0.13p=20-0.13\times1.5=19.805$mm

$D=40-0.13p=40-0.13\times1.5=39.805$mm

（4）车削螺纹时在升速点与降速点螺纹小径 d_1 底、与大径 D_2 底应车削到的尺寸分别为

$d_1=19-(0.13\times1.5)-1.08p=18.805-1.08\times1.5=17.185$mm

$D_2=41.75-(0.13\times1.5)-1.08p=41.555-1.08\times1.5=39.935$mm

(5) 螺纹的牙深为 0.974（查表）。

(6) G76 指令参数取值。精整次数 $C=3$、螺纹高度 $K=0.974$mm、精加工余量 $\upsilon=0.15$mm、最小切削深度 $\upsilon=0.1$mm、第一次切削深度 $Q=0.5$mm。

(三) 加工程序（用复合循环 G76 指令编程）

程序	说明
O0065	程序名
……	外圆、槽程序略
N100M03S700T0313;	调 3 号螺纹刀，主轴正转、导入 13 号刀补
N110G00X42.0Z2.0;	到螺纹循环起点准备车削第一条螺纹
N120G76P030060Q100R150;	复合切削循环指令
N130G76X39.935Z−41.5R−10875P974Q500F1.5;	
N140G00100.0Z100.0;	退回换刀点
……	

(四) 加工程序（用简单循环 G92 指令编程）

程序	说明
O0064	程序名
……	外圆、槽程序略
N120 G00 X42.0 Z2.0;	第一次入刀离端面 2 mm 做起刀点
N130 G92 X41.0 Z−41.5 R−10.875 F1.5;	螺纹车削第一刀切深0.555mm
N140 X40.5;	第二刀切深 0.5 mm
N150 X40.1;	第三刀切深 0.4 mm
N160 X39.935;	第四刀切深 0.165 mm
N170 X39.935;	第五刀光整加工
N180 G00 X100.0. Z100.0;	退回换刀点

N190 M02;　　　　　　　　　　主程序结束

（五）注意事项

1. 在编程时重点是计算"R"值，一定按照入刀点与出刀点的位置来计算，而不能按实际的锥度尺寸考虑。

2. 不允许在执行螺纹加工程序段中随意暂停。

3. 严禁在车床主轴旋转过程中用棉纱擦拭车出的螺纹表面，以免发生人身事故。

4. 启动运行车削加工程序时，宜低速开动车床主轴，使主轴脉冲发生器按规定信号发出工作脉冲信号。

5. 在调整螺纹车刀切削深度时，要注意保持其划痕细而清晰。

6. 螺纹车刀装刀时，刀杆的轴线应与零件加工表面相垂直。

第四节　内直三角形螺纹

编程举例

【实例】待加工内直三角形螺纹零件如图 7-5 所示。

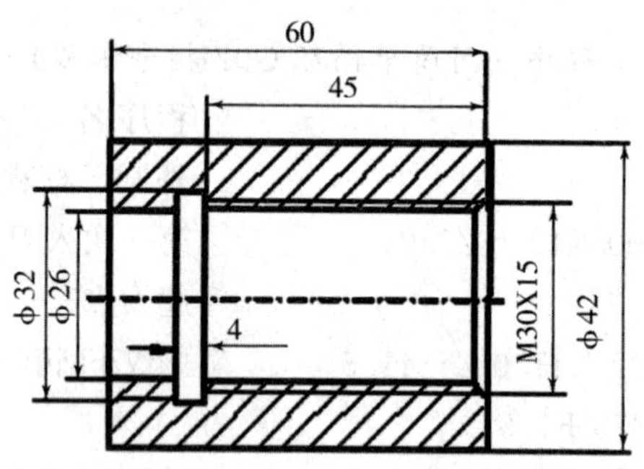

图 7-5　内直三角形螺纹零件

（一）工艺分析

1. 用三爪自定心卡盘夹持左端，棒料伸出卡爪外 60mm。

2. 钻 ϕ24 通孔。内孔、内槽编程（略）。

3. 螺纹应用 G92 切削指令编程。

4. 确定加工路线。

从右到左开始加工，单件手动平右端面。钻 ϕ24 通孔→粗、精镗内孔→倒角→车内槽→车 M30 内螺纹。

5. 选择刀具与切削用量。

表 7-3

工步	工步内容	刀具号	刀具名称	刀具规格（mm^2）	主轴转速（r/min）	进给速度（mm/r）	背吃刀量（mm）
1	车端面	T04	机夹 45°正偏刀	20×20	700	0.1	4
2	粗、精镗内孔	T01	机夹 90°正偏刀	20×20	700/1 200	0.5/0.1	1.2/0.8
3	切内槽	T02	内槽刀宽 4mm	20×20	800	0.05	
4	车螺纹	T03	机夹 60°螺纹刀	20×20	900		

（二）相关计算

因为螺纹编程直接与内孔相关联，所以应用内孔经验值尺寸公式计算：

$d_1=d-(1\sim1.1)P=30-1.5=28.5\text{mm}$

内孔、内槽编程略

……	……
M03SP00T0202；	主轴正转、调 2 号刀导入 2 号刀补
G00X26.0Z2.0；	快进起刀点
G92X29.0Z－46.0F1.5；	螺纹车削第一刀切深 0.62 mm
X29.4；	第二刀切深 0.4 mm
X29.8；	第三刀切深 0.4 mm
X30.1；	第四刀切深 0.3 mm
……	

（三）注意事项

1. 车削内螺纹不同于外螺纹存在的缺点是切屑不易排除，切削液不易进入切削区，因此切削温度高，冷却困难；观察、测量困难，加工质量难保证。

2. 在车削过程中若出现啃刀现象，原因是车刀安装得过高或过低，工件装夹不牢或车刀磨损过大；另外工件装夹不牢，刚性不能承受车削时的切削力，也可能产生较大的挠度，从而改变了车刀与工件的中心高度。过高，则吃刀到一定深度时，车刀的后刀面顶住工件，增大摩擦力，甚至把工件顶弯，造成啃刀现象；过低，则切屑不易排出，车刀径向力的方向是工件中心，加上横向滚珠丝杠间隙过大，致使吃刀深度不断自动趋向加深，从而把工件抬起，出现啃刀。此时，应及时调整车刀高度，使其刀尖与工件的轴线等高。在粗车和半精车时，刀尖位置比工件的中心高出 1%D 左右（D 表示被加工工件直径）。

3. 在车削过程中若出现乱扣现象，原因是加工过程中调整了倍率开关，造成编码器定位不准，另外编码器松动等也将造成 Z 轴脉冲信号反馈不对，出现乱扣现象。

课题训练

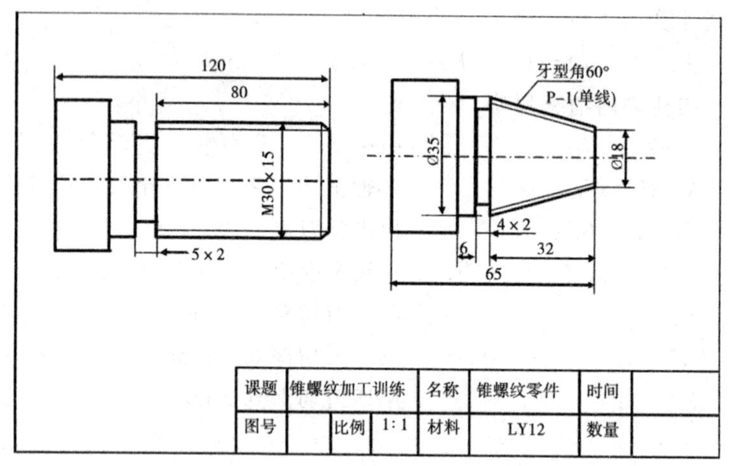

课题	锥螺纹加工训练			名称	锥螺纹零件	时间	
图号		比例	1∶1	材料	LY12	数量	

课题八　梯形与矩形螺纹的编程与训练

第一节　梯形、矩形螺纹零件的相关知识

梯形螺纹是机械上最常用的传动结构零件。一般它的长度比较长，精度要求较高，如机床的丝杠等。而矩形螺纹是一种非标准螺纹，传动精度较低，传递力矩形比梯形螺纹丝杠大，但它经过一段时间使用后由于磨损便产生松动，且不能调整。它广泛用于台虎钳、千斤顶等工具中。

1. 梯形螺纹种类　梯形螺纹可分为米制螺纹和英制螺纹两种。

2. 梯形螺纹标记　梯形螺纹代号用“Tr”及公称直径和螺距表示，左旋螺纹须在尺寸规格之后加注“左”，右旋则不标注出。如 Tr20×4 左、Tr50×6 等。梯形螺纹的标记由螺纹公差带代号和螺纹旋合长度代号组成。如 Tr60×7LH－7e－L（Tr60×7LH 为梯形螺纹代号、7e 为公差带代号、L 为旋合长度代号）。

3. 矩形螺纹标记　矩形螺纹俗称方牙螺纹，在零件图上用“矩”及公称直径和螺距表示。如：矩 60×4 等。矩形多线螺纹表示法为导程与线数用斜线分开，左边表示导程，右边表示线数。如：矩 40×6/2 等。

4. 梯形、矩形螺纹的车削方法　在数控车床上车削梯形螺纹的工艺、刀具与普通机床基本相同，切削过程中，每次往复行程后除了做横向进刀外，还要向左或向右做微量纵向进给粗车、半精车和精车。在数控车床上车削矩形螺纹切削过程中，当螺距大于 4mm 时，采用直进法粗车，再用直进法左、右精车两侧面。

当螺距较小时一般不分粗、精车，用一把车刀采用直进法完成车削。

5. 梯形螺纹的中径公差及牙型角　梯形外螺纹的中径公差等级有 6、7、8、9 四种；公差带位置有 h、e、c 三种。梯形内螺纹的中径公差等级有 7、8、9 三种；公差带位置只有 H 一种，其基本偏差为零，牙型角 $\alpha=30°$

6. 车梯形螺纹相关工艺知识

（1）梯形（米制）螺纹精车刀

①两侧切削刃夹角　高速钢车刀一般取 $30°\pm10'$，硬质合金车刀一般取 $30°$（$-5'\sim-15'$）。

②横切削刃的宽度　$W_{刀}=0.366P-0.536\alpha_c$，牙顶间隙 α_c 应用当 $P=1.5\sim5$mm，α_c 取 0.25mm

$P=6\sim12$mm，α_c 取 0.5mm

$P=14\sim44$mm，α_c 取 1mm

③纵向前角　一般取 0°，必要时也可以取 5°～10°，但其前刀面上的两侧切削刃夹角要做相应修改，否则将影响牙形角。

④纵向后角　一般取 6°～8°。

⑤两侧切削刃后角 $\alpha_{左}=(3°\sim5°)\pm\Psi$

$\alpha_{右}=(30\sim50)\mp\Psi$

（Ψ 为螺旋升角，即 $\tan\Psi=P/\pi d_2=P/\pi D_2$ 车右旋螺纹时，Ψ 取正号，车左旋螺纹时，Ψ 取负号。）

（2）矩形螺纹精车刀

①主切削刃宽度　$b=0.5P+(0.02\sim0.05)$。

②刀头长度　$L=0.5P+(1\sim3)$。

③纵向前角　加工钢件时，一般取 12°～16°。

④纵向后角　一般取 6°～8°。

⑤两侧切削刃后角　同梯形螺纹。

第二节　梯形螺纹零件

【实例】待加工梯形外螺纹零件如图 8-1 所示，毛坯材料为 45 钢 ϕ40×150。

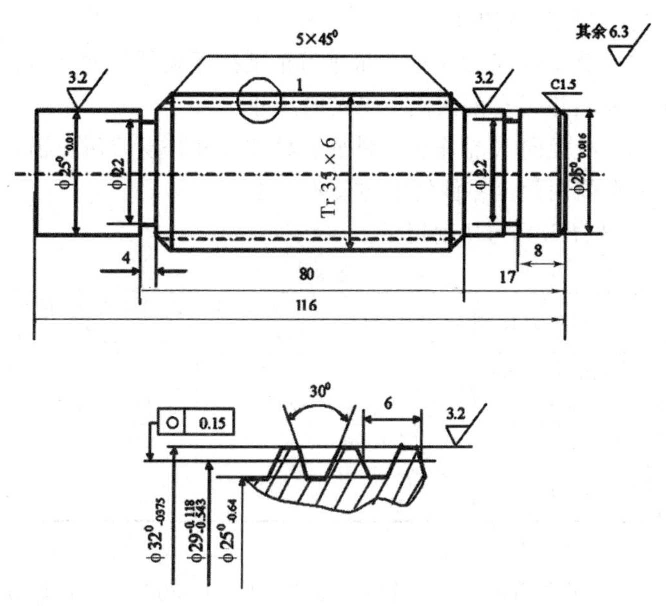

图 8-1　梯形螺纹零件

（一）工艺分析

1. 用三爪自定心卡盘夹持左端，棒料伸出卡爪外 120mm。并用回转顶尖支顶后，夹紧毛坯件。外圆、槽编程（略）。

2. 选择 3 号刀为硬质合金重磨梯形外螺纹车刀，每次左、中、右进刀，进刀量控制在小于等于 0.5mm 以内，随着工件的深度加深而逐渐递减。刃磨两侧切削刃夹角 30°±10′，纵向前角 0°～5°，左侧刃后角 7°，右侧刃后角 0°，横切削刃宽 1.0mm，其左刀尖为刀位点。

3. 确定加工路线。从左到右开始加工，单件手动平右端面，钻中心孔 A2/4.25→粗车外圆→精车外圆→切槽→车梯形螺纹→检测梯形螺纹中径。

4. 用梯形螺纹车刀加工时，采用左右借刀切削法。

（1）沿径向 X 进刀车至接近中径处，退刀后在轴向 Z 左右进刀车削两侧至给定的尺寸。

（2）沿径向 X 留出精车量进刀车至接近底径尺寸，退刀后在轴向 Z 左右进刀车削两侧至给定的尺寸。

（3）沿径向 X 精车至零件底径公差尺寸，退刀后在轴向 Z 左右进刀车削两侧至零件规定的公差尺寸。

5. 选择刀具与切削用量。

表 8-1

工步	工步内容	刀具号	刀具规格	主轴转速（r/min）	进给速度（mm/r）	背吃刀量（mm）
1	45°端面刀	T04	20×20	900		
2	粗、精车外圆	T01	机夹 90°正偏刀	800/1 800	0.4/0.1	1.2/0.8
3	切槽刀	T02	刀宽 4mm	700	0.05	
4	梯形螺纹刀	T03	重磨刀横刃 1.748mm	50		0.5、0.4、0.3、0.2、0.1

（二）相关计算

1. 横切削刃的宽度，$W_{刀}=0.366P-0.536\alpha_c$，牙顶间隙 α_c 值 0.5，即 $W_{刀}=0.336\times6-0.536\times0.5=1.748\text{mm}$。

2. 计算每次进刀与左右让刀尺寸，牙槽底宽度查金属切削手册为 1.928mm。因此 Z 向左右让刀的距离为（1.928－1.748）/2＝0.18/2＝0.09mm。

3. 计算牙的深度 $h_3=0.5P+\alpha_c=0.5\times6+0.5=3.5\text{mm}$。

4. 将梯形螺纹刀磨成牙形角 30°并用齿形样板严格检验。

5. 调整每次切入量见程序，略。

（三）加工程序

O0076（外轮廓、外槽程序略）

……

```
N100 T0303;                   调3号梯形螺纹刀，确定坐标系
N110 M03 S50;                 主轴正转、转速50 r/min
N120 G00 X34.0;               X轴快速到切削循环点
N130 Z-16.0;                  Z轴快速到切削循环点准备中进刀
N140 G92 X31.5 Z-101.0 F6.0;  第一次切深0.5 mm
N150 X31.0;                   第二次切深0.5 mm
N160 X30.5;                   第三次切深0.5 mm
N170 X30.0;                   第四次切深0.5 mm
N180 X29.5;                   第五次切深0.5 mm
N190 X29.0;                   第六次切深0.5 mm
N200 X28.6;                   第七次切深0.4 mm
N210 X28.2;                   第八次切深0.4 mm
N220 X27.8;                   第九次切深0.4 mm
N230 X27.4;                   第十次切深0.4 mm
N240 X27.0;                   第十一次切深0.4 mm
N250 X26.6;                   第十二次切深0.4 mm
N260 X26.2;                   第十三次切深0.4 mm
N270 X25.8;                   第十四次切深0.4 mm
N280 X25.5;                   第十五次切深0.3 mm
N290 X25.3;                   第十六次切深0.2 mm
N300 X25.1;                   第十七次切深0.2 mm
N310 X24.9;                   第十八次切深0.2 mm
N320 X24.7;                   第十九次切深0.2 mm
N330 X24.6;                   第二十次切深0.1 mm，保证公差尺寸
N340 G00 X34.0;               X轴快速退至切削循环点准备右
```

进刀

N350 Z－15.91；　　Z 轴右向偏移 0.09mm

N360 G92 X24.68 Z－101.0 F6.0；　　右进刀 0.09 mm 切深至直径 ϕ24.68 尺寸

N370 G00 X34.0；　　X 轴快速退至切削循环点准备左进刀

N380 Z－16.09；　　Z 轴左向偏移 0.09 mm

N390 G92 X24.68 Z－101.0 F6.0；　　左进刀 0.09 mm 切深至直径 ϕ24.68 尺寸

N400 G00 X200.0；　　X 轴退回换刀点

N410 M02；　　主程序结束

（四）注意事项

1. 在刃磨梯形螺纹刀时，为了能左右切削并留有精加工余量，刀头宽度应小于牙槽底宽，刀尖角应略小于牙型角，牙型半角应准确。

2. 切削钢料时，应磨有 6°～8°的径向后角和 10°～15°径向前角。

3. 装刀时，横切削刃必须与车床主轴轴线平行并且等高，刀具两侧的直线度要好，表面粗糙度值小，刀尖适当倒圆，为了防止产生“扎刀”现象，刀杆最好采用弹性刀杆。

4. 两侧后角，车右旋螺纹时 α_{fL} ＝（3°～5°）＋ϕ、α_{fR} ＝（3°～5°）－ϕ

5. 车削时先用刀头宽度略小于牙槽底宽的车槽刀，用车直槽的方法车置接近中径处，再粗车两侧面。车削完毕后，测量梯形螺纹中径尺寸宜采用三针法。

第三节　矩形螺纹零件

【实例】待加工矩形内螺纹零件如图 8-2 所示，毛坯材料为

45 钢。

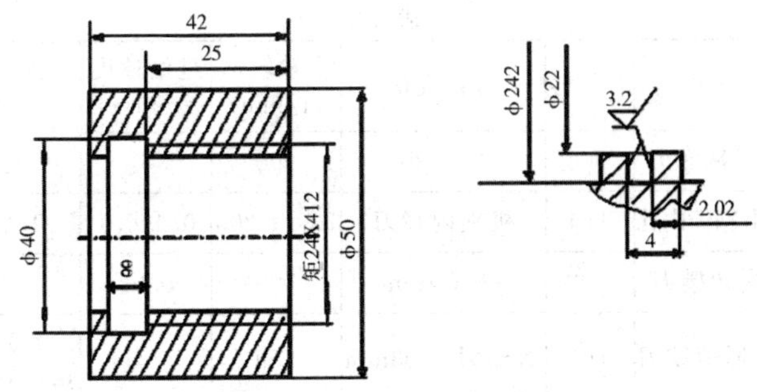

图 8-2　双头矩形内螺纹

（一）工艺分析

1. 数控车削多线螺纹的过程与普通车削多线螺纹的过程一样，分线方法是当第一条螺纹加工完后，数控装置即按其加工程序要求，控制刀具在 Z 向错开一个螺距，再开始车削第二条螺纹。

2. 用三爪自定心卡盘夹持左端，棒料伸出卡爪外 25mm。夹紧毛坯，内腔、槽编程（略）。

3. 选择 3 号刀为硬质合金重磨矩形内螺纹车刀，每次左、中、右进刀，进刀量控制在小于等于 0.5mm 以内，纵向前角 12°～16°，纵向后角 6°～8°，左侧刃后角 7°，横切削刃宽 1.02mm，右侧刃后角 0°，刀头长度为 2mm，其左刀尖为刀位点。

4. 确定加工路线，从左到右开始加工，单件手动平右端面钻中心孔 A2/4.25→钻孔 ϕ19 通孔→粗镗内孔→精镗内孔→切内槽→粗、精车矩形螺纹→检测。

5. 用矩形螺纹车刀加工时，由于 $P=4$mm 为小螺距，可直接采用直槽法进行切削。

6. 选择刀具与切削用量。

表 8-2

工步	工步内容	刀具号	刀具规格	主轴转速 (r/min)	进给速度 (mm/r)	背吃刀量 (mm)
1	45°端面刀	T04	20×20	900		手控
2	粗、精镗内孔	T01	机夹内镗刀	700/1 200	0.4/0.1	1.2/0.8
3	内切槽刀	T02	刀宽 4mm	700	0.05	
4	矩形螺纹刀	T03	磨横刃 2.03mm	650		0.5/0.4/0.3/0.2/0.1

（二）相关计算

1. 主切削刃宽度　$b=0.5P+(0.02\sim0.05)=0.5\times4+0.03=2.03$mm。

2. 计算牙型高度　$h_1=0.5P+\alpha_c=0.5\times4+0.2=2.2$mm。（$\alpha_c$ 间隙取值为 0.1～0.2）。

3. 调整每次切入量　略

（三）加工程序

O0077（内轮廓、内槽程序略）

……

N100 T0303；	调 3 号矩形螺纹刀，确定坐标系
N110 M03 S80；	主轴正转、转速 80 r/min
N120 G00 X20.0；	X 轴快速到切削循环点
N130 Z8.0；	Z 轴快速到切削循环起点准备第一线进刀
N140G92 X22.5 Z−28.0 F8.0；	第一次切深 0.5 mm
N150 X23.0；	第二次切深 0.5 mm
N160 X23.4；	第三次切深 0.4 mm
N170 X23.7；	第四次切深 0.3 mm
N180 X23.9；	第五次切深 0.2 mm

N190 X24.0;	第六次切深0.1 mm
N200 X24.1;	第七次切深0.1mm
N210 X24.2;	第八次切深0.1mm
N220 G00 X20.0;	X 轴快速到切削循环点
N230 Z4.0;	Z 轴快速到切削循环起点准备第二线进刀
N240G92 X22.5 Z−28.0 F8.0;	第九次切深0.5mm
N250 X23.0;	第十次切深0.5mm
N260 X23.4;	第十一次切深0.4 mm
N270 X23.7;	第十二次切深0.3 mm
N280 X23.9;	第十三次切深0.2 mm
N290 X24.0;	第十四次切深0.1 mm
N300 X24.1;	第十五次切深0.1 mm
N310 X24.2;	第十六次切深0.1 mm
N320 G00 X20.0;	X 轴快速到切削循环点
N330 Z200.0;	Z 轴快速退回换刀点
N340 M02;	主程序结束

（四）注意事项

1. 在刃磨车刀时，应保证横刃平直和两侧切削刃的对称性，装刀时，横切削刃必须与车床的主轴轴线相平行并等高，车削时主轴转速应采用低速运行。

2. 为防止在切削过程中“扎刀”现象，切削时可采用弹性刀杆。

课题训练

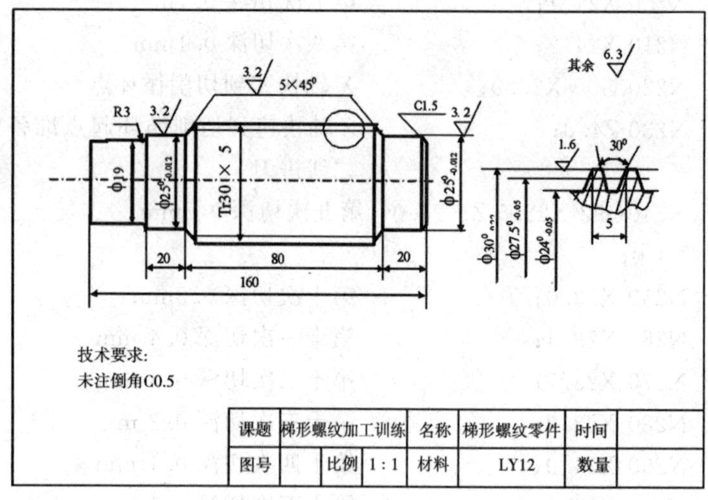

课题	梯形螺纹加工训练			名称	梯形螺纹零件	时间	
图号		比例	1:1	材料	LY12	数量	

课题九　外成形面综合编程与训练

第一节　车削外成形面零件的相关知识

一、表面加工

在机械零件中一些回转体零件沿其轴向剖开，其剖面成各种倒角、柱、锥、圆弧、槽及曲线形等，将这些具有特征的表面称为成型面（或称特性面）。

成形面的编程主要在于编程方式的选择、简单件可用基本指令编程、简单固定循环、复杂件可选用子程序、复合循环等，在编写时要注意的是对于零件上除了直接尺寸外的间接尺寸要经过计算。一般可以利用勾股定理、三角函数、相似比、定比分点公式等相关数学计算来得到基点坐标，对于复杂回转体零件的圆弧与圆弧相切、相交等则要通过给定零件图的相关尺寸，采用解析几何列解方程来求解。

对于一些特殊复杂的成形面，还可以在计算机上应用绘图软件（如 AutoCAD 等）精确绘出零件轮廓，然后利用软件的测量功能进行精确的测量，即可得出各点的坐标值。

对于一些计算量特别大的复杂成形面，要应用 CAM 软件自动编程。

其他一些切削相关工艺知识参照前几个课题，略。

二、表面滚花

滚花是用滚花刀来对零件表面挤压使其产生塑形变形而形成花纹的过程。滚花刀装夹在刀架上，使滚花刀的轴线与旋转工件中心线等高，滚花时产生的径向压力很大，可先把滚花刀宽度的

1/2 或 1/3 处与工件表面相接触，使滚花刀与工件表面有一个很小的夹角，比较容易切入，不易产生乱纹，来回滚压 1～3 次，直至花纹清晰为止。

第二节 单端加工外成形面零件

一、短销轴零件

【实例】如图 9-1 所示，毛坯材料为 45 钢 $\phi30\times100$。

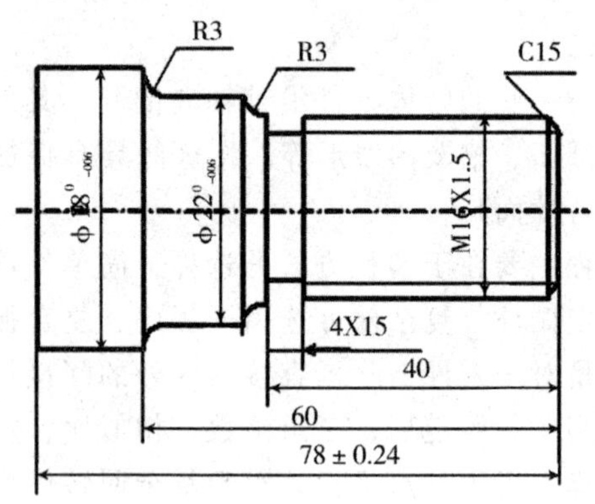

图 9-1 短销轴

（一）工艺分析

1. 用三爪自定心卡盘夹持左端，棒料伸出卡爪外 85mm。

2. 应用 G71 复合循环切削指令编程。

3. 确定加工路线，从右到左开始加工，单件手动平右端面并进行对刀。

粗车 $\phi28$ 外圆→$\phi22$ 外圆（包括 R3 圆弧）→$\phi16$ 螺纹外圆（包括 R3 圆弧）→粗车 $\phi28$ 外圆→$\phi22$ 外圆（包括 R3 圆弧）→$\phi16$ 螺纹外圆（包括 R3 圆弧）→切槽 4×1.5→车螺纹。

4. 选择刀具与切削用量。

表 9-1

工步	工步内容	刀具号	刀具规格	主轴转速 (r/min)	进给速度 (mm/r)	背吃刀量 (mm)
1	端面刀	T04	机夹 45°正偏刀	800	手控	手控
2	粗、精车外圆	T01	机夹 90°正偏刀	800/1 800	0.5/0.2	0.6/0.3
3	切槽刀	T02	刀宽为 4mm	700	0.05	4
4	螺纹刀	T03	机夹刀尖 60°	800		0.7/0.5/0.3/0.12

（二）相关计算

（1）车削螺纹外圆外径为 d＝公称直径－0.13p＝16－0.13×1.5＝15.8mm。

（2）螺纹底径应车削到的尺寸为 d＝公称直径－1.08P＝16－1.08×1.5＝14.38mm。

（三）加工程序

程序	说明
O0081	程序名
N10 G28 U0 W0 T0100；	返回参考点，取消刀具补偿
N20 G50 S2000；	设定主轴最高转速限制为 2 000 r/min 以内
N30 M03 S400；	主轴启动正转 400 r/min
N40 T0101 M08；	调用 1 号外圆刀，建立坐标系、切削液开
N50 G00 X40.0 Z2.0；	快速进刀到轮廓循环点
N60 G71 U1.2 R0.8；	设定复合循环粗车量、退刀量
N70 G71 P80 Q150 U0.8 W0.1 F0.5 S800；	设定复合循环的粗加工、余量、进给量、转速
N80 G00 G42 X10.0；	加右刀补、进入精车起点
N90 G01 X15.8 Z－1.5 F0.2 S1800；	精加工倒角 1.5×45°精车

程序	说明
	进给率、转速
N100 Z - 40.0；	精加工 ϕ15.8 外圆
N110 X16.0；	到 ϕ16 外圆
N120 G02 X22.0 W－3.0 R3.0；	精加工 R3.0 圆弧
N130 G01 Z - 57.0；	精加工 ϕ22 外圆
N140 G03 X28.0 W－3.0 R3.0；	精加工 R3.0 圆弧
N150 Z－78.0；	精加工 ϕ28 外圆
N160 G70 P80 Q150；	精加工程序段
N170 G28 U0 W0 T0100；	粗、精车结束、返回参考点、取消 1 号刀补
N180 T0202；	换 2 号槽刀建立 2 号刀补
N190 S700；	主轴正转 700 r/min
N200 G00 X20.0；	*X* 轴到切槽外圆位置
N210 Z－40.0；	*Z* 轴到切槽起点
N220 G01 X17.0 F0.05；	切槽至 ϕ17
N230 G04 P2000；	暂停 2 000ms
N240 G00 X100.0；	*X*轴返回换刀
N250 Z100.0；	*Z*轴返回换刀
N260 T0303；	换 3 号螺纹刀建立 3 号刀补
N270 S800；	主轴正转 800 r/min
N280 G00 X20.0 Z2.0；	到螺纹起点
N290 G92 X15.1 Z－37.0 F1.5；	切螺纹第一刀切深 0.7mm
N300 X14.7；	第二刀切深 0.5mm
N310 X14.5；	第三刀切深 0.3mm
N320 X14.38；	第四刀切深 0.12mm
N330 G00 X100.0 Z100.0；	返回换刀点
N340 M02；	主程序结束

二、长销轴球面零件

【实例】如图 9-2 所示，毛坯材料为 45 钢 ϕ45×120。

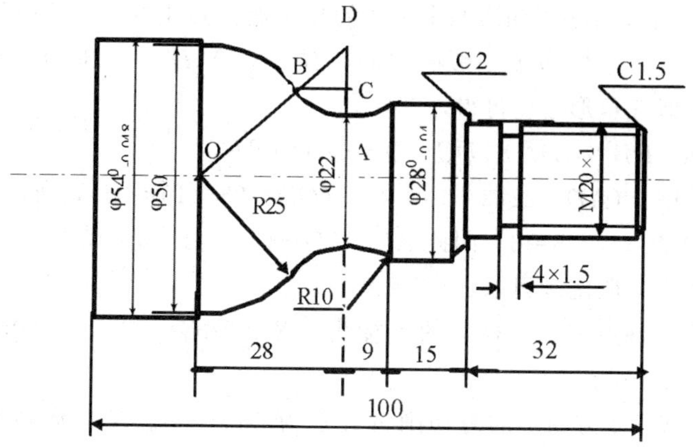

图 9-2　销轴球面件

（一）工艺分析

1. 三爪自定心卡盘夹持左端，棒料伸出卡爪外 140mm，平端面钻削 A1.6 中心孔，进给速度宜取低一些。

2. 应用 G73 复合循环指令编程。

3. 确定加工路线，从右到左开始加工，单件手动平右端面并进行对刀，整体粗、精车零件轮廓→切槽 4×1.5→车螺纹。

4. 选择刀具与切削用量。

表 9-2

工步	工步内容	刀具号	刀具规格	主轴转速 (r/min)	进给速度 (mm/r)	背吃刀量 (mm)
1	端面刀	T04	机夹 45°正偏刀	800	手控	手控
2	粗、精车外圆	T01	机夹 90°正偏刀	800/1 800	0.5/0.2	0.767/0.3
3	切槽刀	T02	刀宽为 4mm	700	0.05	4
4	螺纹刀	T03	机夹刀尖 60°	800		0.7/0.5/0.3/0.12

（二）相关计算

1. 加工外圆柱螺纹 M20 时，外圆柱应实际车削到的尺寸为：

$d=20-0.13p=20-0.13\times1=19.87$mm

2. 计算螺纹的小径尺寸，即 19.87－1.08＝18.79mm

3. 编程时必须知道两个圆弧的相切点 B 点坐标，因此应先求出坐标值。连接两个圆弧的中心，并作△OAD 与△BCD，根据两个相似三角形之比可得：

$OD/DB=AD/DC$ $DC=DB\cdot AD/OD$

其中：（$AD=22/2+10=21$）（$OD=25+10=35$），所以 DC ＝（10×21）/35＝6，因此 AC＝AD－DC＝21－6＝15

利用勾股定理可求：$BC=8$

所以基点 B（直径）的坐标为（$X=2AC=2\times15=30$mm、$Z=-64$mm）

4. X、Z 方向上的总切削量分别为△i、△d。X 方向精加工余量取 0.6mm。Z 方向精加工余量取 0.1mm。

△i＝（待加工外径尺寸－工件最小尺寸－精加工余量）/2，所以△i＝（45－19.87－0.6）/2＝12.265mm，分 8 次车削。△d 取 2.0mm。

（三）加工程序

O0082	程序名
N10 G28 U0 W0 T0100；	返回参考点，取消刀具补偿
N20 G50 S2000；	设定主轴最高转速限制为 2 000 r/min 以内
N30 M03 S1400；	主轴正转 1 400 r/min
N40 T0101；	调用 1 号外圆刀，建立坐标系
N50 G00 X60.0 Z2.0；	快速进刀到轮廓循环点
N60 G73 U12.265 W2.0 R8；	设定复合循环 X、Z 回退量、车削次数
N70 G73 P80 Q170 U0.6 W0.1 F0.5 S800；	设定复合循环的粗加工、余量、进给量、转速
N80 G00 G42 X12.0 S1800；	设定右刀补、进精车起点、精

	车转速
N90 G01 X19.87 Z－1.5 F0.2；	精加工倒1.5×45°角、精车进给率
N100 Z－32.0；	精加工 ϕ20 外圆
N110 X24.0；	精加工 ϕ19.87～ϕ24 圆环面
N120 X27.99 Z－34.0；	精加工锥面
N130 Z－47.0；	精加工 ϕ28 外圆
N140 G02 X22.8 W－17.0 R10.0；	精加工外圆 R10 凹圆弧
N150 G03 X50.0 W－20.0 R25.0；	精加工外圆 R25 凸圆弧
N160 G01 X53.99；	精加工 ϕ50～ϕ54 圆环面
N170 G01 Z－100.0；	精加工 ϕ54 外圆
N180 G70 P80 Q170；	设定精加工程序段
N190 G28 U0 T0100；	*X* 轴返回参考点、取消 1 号刀补
……	切槽与螺纹程序（参照上例题略）

（四）注意事项

1. 坯件切断表面不允许有凸台，以免影响到下一个零件中心孔的加工。

2. 车削前，应仔细检查车床尾座顶尖轴线的位置，并使其与车床主轴轴线同轴。

3. 用顶尖装夹零件，在编程时应注意 *Z* 向退刀，不要撞到尾座。

第三节　双端加工外成形面零件

双端加工销轴综合件

【实例】

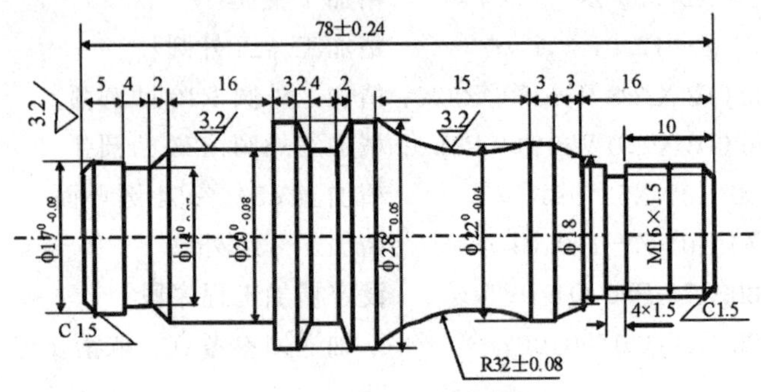

图 9-3　销轴综合件

（一）工艺分析

1. 按先主后次、先粗后精的加工原则确定加工路线，采用循环指令对外轮廓进行粗加工，再精加工，然后车退刀槽，最后加工螺纹。

2. 此件需要调头两端加工车削，先加工左端，为了使接刀无刀痕，应在梯形槽后 ϕ28 外圆结束点处接刀，调头装夹 ϕ20 外圆，再加工右端。

3. 装夹，棒料伸出卡爪外 60mm，用 45°端面刀手动切削左端面，后再用外圆刀试切同时完成对刀工作。

4. 粗车、精车用一把刀加工，用刀宽 3mm 的切断刀切槽，用 60°螺纹刀加工螺纹。

5. 用 45°端面刀手动切削右端面，保证工件长度 78±0.24。

6. 确定加工路线，左端加工以梯形槽 ϕ28 外圆结束点分界。单件手动平左端面。粗、精车（C1.5 倒角）外圆→切 ϕ14×4 半梯形槽→切 ϕ20×4 梯形槽（直槽刀斜向进给）。

7. 右端加工以 R32 圆弧结束点分界。单件手动平右端面。粗、精车（C1.5 倒角、圆弧面）外圆→切 4×1.5 退刀槽→切 M16 螺纹。

8. 选择刀具与切削用量。

表 9-3

工步	工步内容	刀具号	刀具规格	主轴转速（r/min）	进给速度（mm/r）	背吃刀量（mm）
1	端面刀	T04	机夹 45°正偏刀	800	手控	手控
2	粗、精车外圆	T01	机夹 90°正偏刀	900/1 800	0.5/0.2	0.67/0.4
3	切槽刀	T02	刀宽为 4mm	800	0.05	4
4	螺纹刀	T03	机夹刀尖 60°	700		

（二）相关计算

1. 加工外圆柱螺纹 M16 时，外圆柱应实际车削到的尺寸为 d=公称直径－0.13p=16－0.13×1.5≈15.8mm。

2. 计算螺纹的小径尺寸，即 d=公称直径－1.08P=（16－1.08×1.5）=14.38mm。

3. X、Z 方向上的切削量分别为△i、△d，即 X 方向精车量为 0.8mm、Z 方向取 0.1mm。

△i=（待加工外径尺寸－工件最小尺寸－精加工余量）/2，所以△i=（30－15.8－0.8）/2=6.7mm，分 5 次车削。

（三）加工程序

1. 加工左端到梯形槽后 ϕ28 结束

O0740　　程序名

N10 G28 U0 W0 T0100;　　返回参考点、取消 1 号刀补

N20 G99 G97 M03 S500;　　转进给、主轴启动正转 500 r/min

N30 T0101;　　调一号刀，加 1 号刀补

N40 G00 X50.0 Z1.5 M08;　　到循环起点、切削液开

N50 G71 U1.2 R1.0;　　设定循环粗车量、退刀量

N60 G71 P70 Q130 U0.8 W0.1 F0.5 S900;	设循环、精车余量、粗车转速、进给量
N70 G00 G42 X11.0 S1800;	到精车起点、加刀右补、精车转速
N80 G01 X16.99 Z−1.5 F0.2;	倒 C1.5 角、进给量
N90 Z−8.0;	精车 ϕ17 外圆（为车锥面留 1mm 量）
N100 X19.99 Z−11.0;	精车 ϕ17 ～ϕ20 锥面
N110 W−16.0;	精车 ϕ20 外圆
N120 X27.99;	精车 ϕ20 ～ϕ28 圆环
N130 Z−45.0;	精车 ϕ28 外圆
N140 G70 P70 Q130;	设定精车循环程序段
N150 G28 U10 W10 T0100;	返回参考点、取消 1 号刀补偿
N160 T0202;	换 2 号切槽刀、刀宽 4mm 确定坐标系
N170 M03 S800;	主轴正转，转速 800r/min
N180 G29 X20.0 Z−9.0;	从参考点返回到切槽起点
N190 G01 X13.99 F0.05;	工进切槽 ϕ14
N200 G04 P1200;	暂停 1 200 毫秒
N210 G01 X19.99 W−2.0;	切刀左刃车 ϕ14 ～ϕ20 锥面
N220 G00 X30.0;	X 轴退到 ϕ30 点
N230 Z−36.0;	Z 轴进刀到切梯形槽点
N240 G01 X19.99 F0.05;	切槽至 ϕ19.99
N250 X27.99 W−2.0;	切刀右刃切梯形槽斜面
N260 G00 X30.0;	X 轴退刀到 ϕ30 点
N270 Z−34.0;	Z 轴进刀到切梯形槽点
N280 G01 X27.99 F0.05;	X 轴贴进 ϕ28 边缘
N290 X19.99 W−2.0;	切刀左刃切梯形槽斜面
N300 G04 P1200;	暂停 1 200 ms

N310 G00 X100.0；	*X* 轴退回到换刀点
N320 Z100.0；	*Z* 轴退回到换刀点
N330 M09；	切削液关
N340 M02；	主程序结束

2. 右端加工以 R32 圆弧结束点

O0740	程序名
N10 G28 U0 W0 T0100；	返回参考点、取消 1 号刀补
N20 M03 S500；	主轴启动正转 500 r/min
N30 T0101；	调一号刀，加 1 号刀补
N40 G00 X50.0 Z1.5 M08；	到循环起点、切削液开
N50 G73 U6.7 W2.0 R5；	设定 *X*、*Z* 轴回退量、循环次数
N60 G73 P70 Q130 U0.6 W0.1 F0.5 S900；	设循环、精车余量、粗车转速、进给量
N70 G00 G42 X10.0 S1800；	到精车起点、加刀右补、精车转速
N80 G01 X15.8 Z－1.5 F0.2；	倒 C1.5 角、精车进给量
N90 Z－16.0；	精车 ϕ16 螺纹外圆
N100 X18.0；	精车 ϕ16～ ϕ18 圆环
N110 X21.99 Z－19.0；	精车 ϕ18～ϕ22 锥面
N120 W－3.0；	精车 ϕ22 外圆
N130 G02 X27.99 W－15.0 R32.0；	车 R32 圆弧
N140 G70 P70 Q130；	设定精车循环程序段
N150 G28 U10 W10 T0100；	返回参考点、取消 1 号刀补偿
N160 T0202；	换 2 号切槽刀、刀宽 4 mm 确定坐标系
N170 M03 S800；	主轴正转、转速 800 r/min
N180 G29 X20.0 Z－14.0；	从参考点返回到切槽起点

```
N190 G01 X13.0 F0.05;        工进切退刀槽φ13处
N200 G04 P1200;              暂停1 200ms
N210 G00 X100.0;             X轴退刀到换刀点
N220 Z100.0;                 Z轴退刀到换刀点
N230 M05;                    主轴停
N240 M00;                    程序暂停、检验
N250 T0303;                  到切螺纹起点
N260 S700 M03;               主轴正转、转速800 r/min
N270 G00 X20.0 Z2.0;         快进到切削螺纹起点
N280 G76 P020060             循环螺纹切削循环
Q100 R0.5;
N290G76 X14.38 Z-11.0
P974 Q400 F1.5;
N300 G00 X100 Z100;          退回到程序起点
N310 M02;                    主程序结束
```

（四）注意事项

1. 灵活运用切断刀不仅能完成切槽、切断，也能用其左、右刀尖完成对零件的梯形槽、圆弧槽等工序的切削加工。

2. 对于复杂的零件要经过两次装夹，因考虑刀具及刀架刀位的限制，一般应把第一端粗、精车、切槽、螺纹等全部完成后再调头。车削调头车削第二端时一般应先车端面，以确定轴向长度尺寸。

第四节　特殊成形面零件

在零件加工过程中，有些零件轮廓是由圆锥面与圆弧相切而构成的特殊几何体，对于计算这种几何形体上的基点坐标及圆弧的圆心坐标，可以通过给定零件图的相关尺寸，采用三角函数、平面几何、解析几何等的综合计算求解。加工如图 9-4 所示，此

件为锥体素线与 R10 圆弧相切所组成的特殊形体零件。

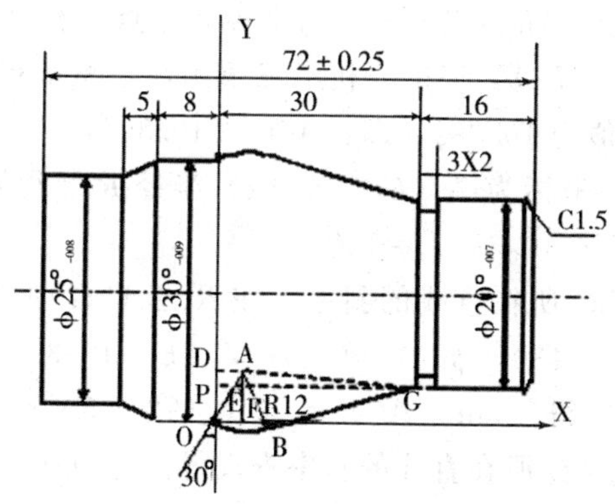

图 9-4　特殊单锥体零件

【实例】如图 9-4 所示，毛坯材料为 45 钢 φ40×100。

（一）工艺分析

1. 三爪自定心卡盘夹持左端，棒料伸出卡爪外 80mm，平端面。

2. 应用 G73 复合循环指令编程。

3. 确定加工路线，从右端到左端开始加工，单件手动平右端面并进行对刀，整体粗、精车零件轮廓→切槽 3×2。

4. 选择刀具与切削用量。

表 9-4

工步	工步内容	刀具号	刀具规格	主轴转速（r/min）	进给速度（mm/r）	背吃刀量（mm）
1	端面刀	T04	机夹 45°正偏刀	800		
2	粗、精车外圆	T01	机夹 90°正偏刀	900/1 800	0.5/0.2	0.67/0.4
3	切槽刀	T02	刀宽为 3mm	800	0.05	3

（二）相关计算

1. 如图建立 *XOY* 直角坐标系。

2. 作图连接 *OA*、过 *G* 点作轴平行线 *GP*，过 *A* 点作 *BG* 的

垂线 AB，过 A 点作 GP 的垂线 AE。

3. 在 $Rt\triangle OAD$ 中以"O"为坐标系原点计算 A 点坐标：∵ $OA=R=12$、$\angle DOA=30°$，利用三角函数关系解得：X 坐标值为 6，Y 坐标值为 10.392，即：A（6，10.392）。

4. 以圆心坐标为 A（6，10.392）半径 $R12$ 得圆的方程为：$(X-6)^2+(Y-10.392)^2=12^2$

5. 计算 BG 所在直线的斜率：在 $Rt\triangle AEG$ 中∵ $AE=AF-EF$，而 $EF=(\phi30-\phi20)/2=5$；∴ $AE=10.392-5=5.392$。利用三角函数得：$\tan\angle AGE=(10.392-5)/(30-6)\approx 0.2247$，即为 BG 所在直线的斜率查表得：$\angle AGE=12°40'$。

计算 AG 的长度：$\sqrt{(10.392-5)^2+(30-6)^2}=24.6$

在 $Rt\triangle AGB$ 中∵ $AB=R=12$、$AG=24.6$

∴利用三角函数求出：$\angle AGB=29°12'$ ∴ $\angle PGB=\angle AGB-\angle AGP=29°12'-12°40'=16°32'$，所以 BG 所在直线的斜率：$K=\tan\angle PGB=\tan16°32'=0.2968$。

6. 求 BG 在 XOY 直角坐标系中的直线方程：∵ G 点坐标根据零件图形尺寸有（20，5），即：BG 直线方程为：$Y-5=0.2968(X-30)$。

7. 直线与圆方程联立求 B 点坐标：

$$\begin{cases}(X-6)^2+(Y-10.392)^2=122\\ Y-5=0.2968(X-30)\end{cases}$$

解方程得 $X_B=9.2Y_B=-1.172$，即：B（9.2，-1.172）。

8. 计算 B 点在工件坐标系（X_1-Z_1）的坐标：

$X_B=30+2\times1.172=32.344$mm。（直径值）$Z_B=9.2-(30+16)=-36.8$mm。

（三）加工程序

O0740	程序名
N10 G28 U0 W0 T0100；	返回参考点、取消 1 号刀补
N20 M03 S500；	主轴启动正转 500 r/min

N30 T0101;	调一号刀，加1号刀补
N40 G00 X40.0 Z1.5 M08;	到循环起点、切削液开
N50 G73 U9.6 W3.0 R8;	设定 X、Z 轴回退量、循环次数
N60 G73 P70 Q140 U0.8 W0.1 F0.5 S900;	设循环、精车余量、粗车转速、进给量
N70 G00 G42 X14.0 S1800;	到精车起点、加刀右补、精车转速
N80 G01 X19.98 Z−1.5 F0.2;	倒C1.5角、精车进给量
N90 Z−16.0;	精车 ϕ20 外圆
N100 X32.344 Z−36.8;	精车 ϕ20 ～ ϕ32.344 锥面
N110 G03 X29.98 Z−46.0 R12.0;	精车 R12 圆弧面
N120 G01 W−8.0;	精车 ϕ30 外圆
N130 X24.98 W−5.0;	精车 ϕ30 ～ϕ25 倒锥面
N140 Z−72.0;	精车 ϕ25 外圆
N150 G70 P70 Q140;	设定精车循环程序段
N160 G00 G40 X100.0 Z100.0;	返回参考点、取消1号刀补偿
N170 M05;	主轴停
N180 M00;	程序暂停、检验
N190 T0202;	换2号切槽刀、刀宽3 mm确定坐标系
N200 M03 S800;	主轴正转、转速800 r/min
N210 G00 X22.0 Z−16.0;	快速到切槽起点
N220 G01 X16.0 F0.05;	工进切退刀槽 ϕ16
N230 G04 P1200;	暂停1 200ms
N240 G00 X100.0 Z100.0;	X、Z 轴退刀到换刀点
N250 M02;	主程序结束

课题训练

98±0.24
20
4
2
39
3.2
3
20
15
C2
R15±0.12
R25±0.12
24
5×1.5
6
C1
R3
C1.5
φ22
课题
销轴零件加工训练
名称
销轴零件
时间
图号
比例
1:1
材料
45钢
数量

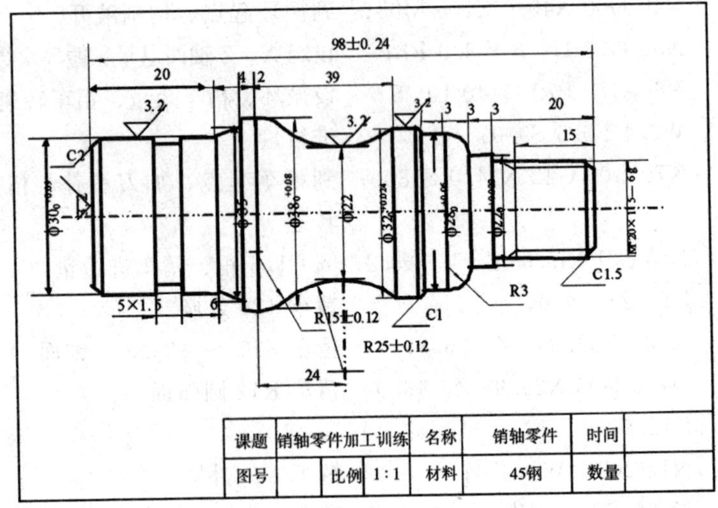

课题十　钻孔与镗孔的编程与训练

第一节　钻孔与镗孔的相关知识

在机械设备上常见有各种轴承套、齿轮及带轮等一些带内套及内腔的零件，因支撑、连接配合的需要，一般都将它们作成带圆柱的孔、内锥、内沟槽和内螺纹等一些形状，将此类件称为内套、内腔类零件。

一、内孔加工的特点

圆孔加工比车削外圆要困难得多，这是因为：

1. 内孔零件的加工刀具回旋空间小，刀具进退刀空间狭小。

2. 内孔加工刀具由于受到孔径和孔深的限制，刀杆细而长，刚性差，切削用量选择，特别是进给量和背吃刀量的选择较切外圆时的稍小。

3. 内孔时切削液不易进入切削区域，切屑不易排出，切削温度可能会较高，镗深孔时可以采用工艺性退刀，以促进切屑排出。

4. 内轮廓切削时切削区域不易观察，加工精度不易控制，大批量生产时测量次数需安排多一些。

5. 内套、内腔类零件一般都要求具有较高的尺寸精度、较小的表面粗糙度和较高的形位精度。

二、钻孔加工常识

1. 钻头的装夹　麻花钻头按柄部分有直柄和锥柄两种，直柄可用于钻夹头直接装夹，再利用钻头的锥柄插入车床尾座套筒内使用，椎柄麻花钻可直接插入车床尾座套筒内或锥形套过渡使用。如大批量加工零件还可通过编程进行自动钻孔加工，这时可将钻头装夹在刀架上（需用开缝套夹），用钻尖和横刃处轴线对刀建立工件坐标系。

2. 钻孔的方法　钻孔前先把工件端面车平，中心处不要留有凸尖，否则会使钻头偏离中心线而不能正确定心。在加工孔前可预先用中心钻定心。钻头装入尾座套筒后，必须校正钻头轴心线与工件回转中心线重合。钻头引入工件端面时，不可用力过大，以防止钻头折断。当钻深孔时必须经退出常钻头，以利于排屑。

3. 钻孔的冷却　钻削钢料时加通用冷却润滑液，钻削铸铁时不加冷却润滑液，钻削铝材时加煤油冷却润滑液，钻削黄铜、青铜时一般不加冷却润滑液，如需要可加乳化液。

三、镗孔刀具的使用

内镗刀可以作为粗加工，也可以作为精加工。精度一般可达IT7～IT8、R_a＝1.6～3.2、精车 R_a 可达 0.8 或更小。内镗刀可分为通孔刀和盲孔刀两种：通孔刀的几何形状基本上与外圆车刀相似，但为了防止后刀面与孔壁摩擦又不使后角磨得太大，一般磨成两个后角。盲孔刀是用来车盲孔或台阶孔的，刀尖在刀杆的最前端并要求后角与通孔刀磨的一样。

装刀方法　镗刀装刀时，刀尖必须跟工件中心等高或稍高一些，防止由于切削力的作用将刀尖扎进工件里，镗刀杆伸出长度尽可能短，以增强刀杆刚性，防止振动。换刀点的确定要考虑镗刀刀杆的方向和长度，以免换刀时刀具与工件、尾架（可能有钻头）发生干涉。

装夹工件　中空工件的刚性一般较差，装夹时应选好定位基准，控制夹紧力大小，以防止工件变形，保证加工精度。对于薄壁零件要注意夹紧力引起的工件变形。可采用开缝套筒或应用软卡爪，以增大接触面积，使夹紧力增大不易产生变形，还可以采用粗、精加工分开进行，粗车时夹紧力大些，精加工时夹紧力小些。

四、内孔件编程特点

1. 内成形面一般不会太复杂，加工工艺常采用：钻→粗镗→精镗，孔径较小时可采用手动方式或 MDI 方式“钻→铰”加工。

2. 大锥度锥孔和较深的弧形槽、球窝等加工余量较大的表面加工可采用固定循环编程或子程序编程，一般直孔和小锥度锥孔采用钻孔后两刀镗出即可。

3. 较窄内槽采用等宽内槽切刀一刀或两刀切出（槽深时中间退一刀以利于断屑和排屑），宽内槽多采用内槽刀多次切削成型后精镗一刀。

4. 切削内沟槽时，进刀采用从孔中心先进 $-Z$ 方向，后进 $-X$ 方向，退刀时先退少量 $+X$，后退 $+Z$ 方向，为防止干涉，退 $+X$ 方向时退刀尺寸必要时需计算。

5. 工件精度较高时，按粗精加工交替进行内、外轮廓切削，以保证形位精度。

6. 因内孔切削条件差于外轮廓切削，故内孔切削用量较切削外轮廓时选取小些（小 30%～50%）。但因孔直径较外廓直径小，实际主轴转速可能会比切外轮廓时大。

7. 加工较长通孔时，为了防止钻头跳动，可以在刀架上装夹一铜棒或软钢挡块，支撑附在钻头的前部起到导向作用，然后缓慢进给，当钻头在工件上已正确定心，并钻出一定深度后，再将铜棒或软钢挡块退出。

第二节　内外轴套零件

【实例】内外套零件如图 10-1 所示。毛坯材料 45 钢 $\phi75\times70$。

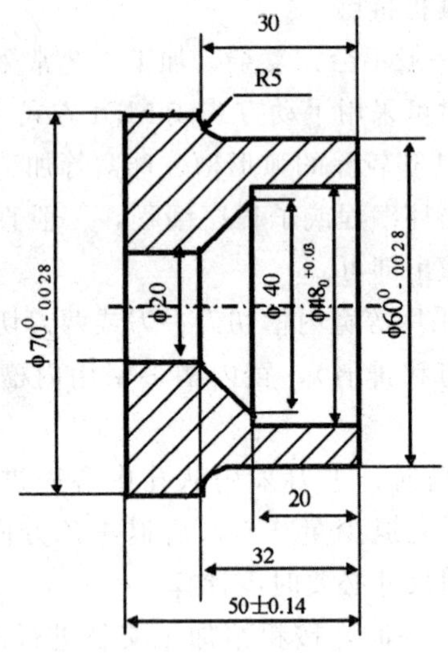

图 10-1 内外套零件

（一）工艺分析

1. 用三爪自定心卡盘夹持左端伸出卡爪外 60mm。

2. 用 ϕ14 麻花钻头钻通孔。

3. 确定加工路线，从右到左开始加工，单件手动平右端面。

（1）打顶尖孔 ϕ3.0→手动钻通孔 ϕ10→用 ϕ18 钻头扩孔。

（2）粗车（精车）ϕ48 内孔→粗车（精车）ϕ40～ϕ20 内圆锥→粗车（精车）ϕ20 内孔。

（3）粗车（精车）ϕ60 外圆→粗车（精车）R5 圆弧→粗车（精车）ϕ70 外圆。

（4）手动切断工件。

4. 选择刀具与切削用量。

表 10-1

工步	工步内容	刀具号	刀具名称	刀具规格 (mm^2)	主轴转速 (r/min)	进给速度 (mm/r)	背吃刀量 (mm)
1	车端面(手控)	T03	机夹 45°	20×20	800	0.1	4
2	粗、精镗孔	T01	镗孔车刀	12×150×16	800/1 000	0.5/0.15	1.0/0.6
3	粗、精车外圆	T02	机夹 90°正偏刀	20×20	800/1 800	0.4/0.15	1.5/0.8
4	切断（手控）	T04	机夹、刀宽为 4	20×20	700	0.05	

（二）加工程序

O0091

N10 G28 U0 W0 T0100；　返回参考点、取消刀补

N20 S800 M03；　主轴正转 800 r/min

N30 T0101；　调 1 号刀、导入 1 号刀补

N40 G00 X18.0 Z2.0 M08；　到起始循环点、切削液开

N50 G71 U1.0 R0.5；　设定复合循环的切削深度、退刀量

N60 G71 P70 Q110 U−0.6 W0.1 F0.5 S800；　设定循环、粗车余量、进给量、粗车转速

N70 G00 G41 X48.015 S1000；　到起始点，加入左刀补、精车转速

N80 G01 Z−20.0 F0.15；　精加工 ϕ48 内孔、精车进给量

N90 X40.0；　精加工 ϕ48 ～ ϕ40 内环面

N100 X20.0 Z−32.0；　精加工内锥孔

N110 Z−50.0；　精加工 ϕ20 内孔

N120 G70 P70 Q110；　设定精加工复合循环程序段

N130 G00 X18.0　到循环内孔起点位置

N140 Z100.0；　退刀切削液关退刀

N150 G28 U0 W0 T0100；　返回参考点取消刀补

N160 M05；　　主轴停转
N170 M00；　　进给暂停、检测
N180 T0202；　　调 2 号刀、导入 2 号刀补
N190 S800 M03；　　主轴正转 800 r/min
N200 G00 G40 X75.0 Z2.0；　　到起始循环点
N210 G71 U1.5 R0.5；　　设定复合循环的切削深度、退刀量
N220 G71 P230 Q260 U0.8 W0.1 F0.5 S800；　　设定复合循环的程序段、余量、粗车进给量
N230 G00 G42 X59.95 S1800；　　进入循环加右刀补、精车转速
N240 G01 Z−25.0 F0.15；　　精车 ϕ60 外圆、精车进给量
N250 G02 X69.95 W−5.0 R5.0；　　精车 R5 圆弧
N260 G01 Z−50.0；　　精车 ϕ70 外圆
N270 G70 P230 Q260；　　设定精车循环
N280 G00 G40 X100.0；　　X 轴回换刀点、取消刀补
N290 Z100.0 M09；　　Z 轴回换刀点、切削液关
M300 M30；　　程序结束并复位

（三）注意事项

1. 加工此零件必须用盲孔刀，前孔小不便排屑，应采用负的刃倾角有利于后排屑。

2. 镗孔加工时，应尽量增强刀杆的截面积，这样可增强镗刀的刚性，切削时不易产生振动。

第三节　内外沟槽零件

【实例】轴套零件如图 10-2 所示。毛坯材料 45 钢 ϕ45×70。

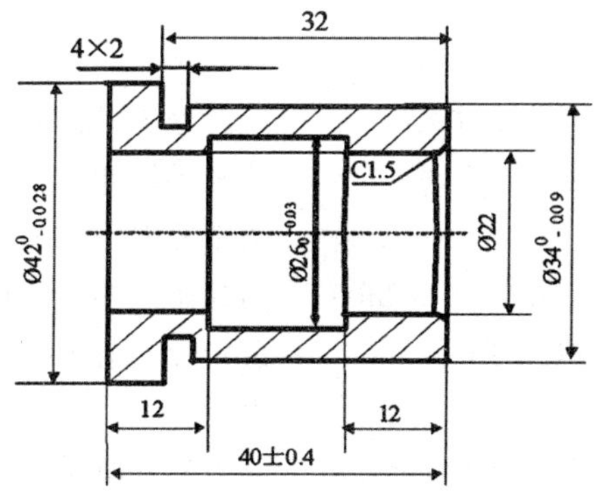

图 10-2　轴套零件

（一）工艺分析

1. 用三爪卡盘夹持左端不加工表面 ϕ42 外圆处，棒料伸出卡爪外 50mm。

2. 用 ϕ18 麻花钻头钻通孔。

3. 确定加工路线，从右端到左端开始加工，单件手动平右端面。

（1）打顶尖孔 ϕ3.0→手动钻通孔 ϕ14→用 ϕ18 钻头扩孔。

（2）粗膛（精膛）ϕ22 内孔→粗膛（精膛）ϕ26 矩形槽。

（3）粗车（精车）外圆→车 4×2 槽。

（4）在 ϕ42 外圆与长度 40 处手动切断工件。

4. 选择刀具与切削用量。

表 10-2

工步	工步内容	刀具号	刀具名称	刀具规格 (mm^2)	主轴转速 (r/min)	进给速度 (mm/r)	背吃刀量 (mm)
1	车端面(手控平后换槽刀	T04	机夹 45°	20×20	800	0.1	
2	粗、精镗孔	T01	镗孔车刀	12×150×15	800/1 100	0.4/0.15	1.0/0.6
3	切内槽	T02	内槽刀	20×20	900	0.05	
4	粗、精车外圆	T03	机夹 90°正偏刀	20×20	800/1 800	0.4/0.15	1.5/0.6
5	切槽(刀宽 4)	T04	外切槽刀	20×20	700	0.05	

(二) 加工程序

程序	说明
O0092	程序名
N10 G28 U0 W0 T0100；	返回参考点、取消刀补
N20 S800 M03；	主轴正转 800 r/min
N30 T0101；	调 1 号刀、导入 1 号刀补
N40 G00 X16.0 Z1.5 M08；	到起始循环点、切削液开
N50 G71 U1.0 R0.5；	设定复合循环的切削深度、退刀量
N60 G71 P70 Q90 U－0.6 W0.1 F0.4 S800；	设定复合循环的程序段、余量、进给量
N70 G00 G41 X28.0 S1100；	到精车起始点，加左刀补、精车转速
N80 G01 X22.0 Z－1.5 F0.15；	倒 C1.5 角、精车进给量
N90 Z－40.5；	精加工 ϕ22 内孔
N100 G70 P70 Q90；	设定精加工复合循环程序段
N110 G00 G40 Z100.0；	*X* 轴返回换刀点、取消刀补
N120 X100.0；	*Z* 轴返回换刀点
N130 M05；	主轴停
N140 T0202；	调 2 号内镗刀、导入 2 号刀补
N150 S800 M03；	正转 800 r/min
N160 G00 X20.0Z2；	*X* 轴快速移动到切槽起点
N170 Z－28.0；	*Z* 轴快移到切槽起点
N180 G75 R0.3；	切槽复合循环
N190 G75 X26.01 Z－16.0 P2000 Q3000 R0 F0.05；	切槽复合循环设定参数
N200 G00 X20.0；	*X*轴返回换刀点
N210 Z100.0；	*Z*轴返回换刀点
N220 M00；	程序暂停
N230 T0303；	调 3 号外圆刀、导入 3 号刀补

N240 S800 M03；	主轴正转 800 r/min
N250 G00 G40 X45.0 Z2.0；	到起始循环点、取消刀具补偿
N260 G71 U1.5 R0.5；	设定复合循环的切削深度、退刀量
N270 G71 P280 Q310 U0.6 W0.1 F0.4 S800；	设定复合循环的程序段、余量、粗车进给量
N280 G00 G42 X33.98；	加右刀补、进入精车起点
N290 G01 Z−32.0 F0.15 S1800；	精车 ϕ34 外圆、设定精车进给量、转速
N300 X41.98；	精车 ϕ34 ～ ϕ42 圆环
N310 Z−45.0；	精车 ϕ42 外圆、延长 5mm 为切断预留
N320 G70 P280 Q310；	设定精车循环
N330 G00 G40 X100.0；	*X* 轴回换刀点、取消刀补
N340 Z100.0；	*Z* 轴回换刀点
N350 M05；	主轴停
N360 T0404；	换 4 号刀、导入 4 号刀补
N370 S700 M03；	主轴正转 700 r/min
N380 G00 X38.0；	*X* 轴到切槽起点
N390 Z−32.0；	*Z* 轴到切槽起点
N400 G01 X30.0 F0.05；	切槽工进
N410 G04 P2000；	切槽暂停 2 000ms
N420 G00 X100.0；	*X* 轴返回换刀点、取消刀补
N430 Z100.0；	*Z* 轴返回换刀点
N440 M30；	程序结束并复位

（三）注意事项

切内槽时由于刀深入到被切工件内，周围被工件和切屑包围，散热极为不好，为降低切削区温度，应在切削时加充分的冷却润滑液进行冷却。

课题训练

R5
其余 32
1.6
1.6
φ85 0 0.06
φ70 0 −0.045
φ55 0 −0.044
φ32 −0.033 0
Ø36
1 : 5
17
18
40 ± 0.24
课题
内锥接头加工训练
名称
内锥接头零件
时间
图号
比例
1 : 1
材料
45钢
数量

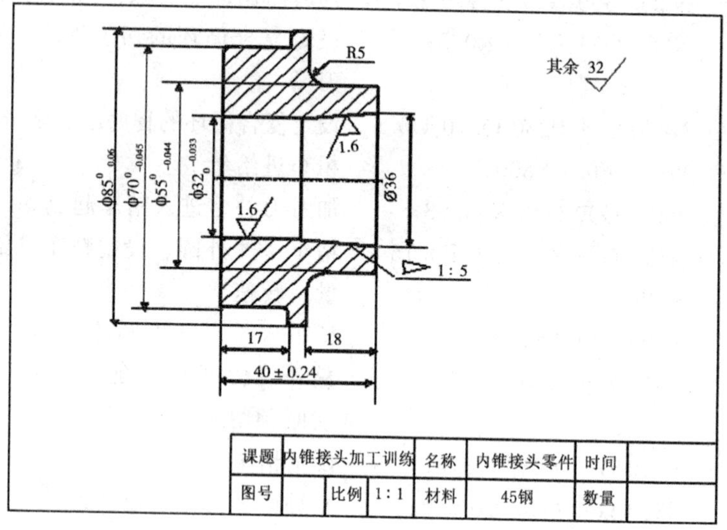

课题十一　内、外配合零件综合训练

第一节　车削综合零件的相关知识

加工外形轮廓综合零件要比简单零件复杂得多，应根据零件的形状特点、技术要求、工件数量和安装方法来综合考虑。

1. 毛坯余量大又不均匀或要求精度较高时，应分粗车、半精车和精车等几个阶段。若零件需要磨削，这时只做粗车和半精车，不必做精车。另外零件过长应用顶尖装夹，在编程时应注意 Z 轴退刀不要撞到尾座。

2. 对于复杂的零件一端加工难以完成时，要经过两端加工进行两次装夹，由于对刀及刀架刀位的限制，一般应把第一端粗、精车全部完成后再调头，调头装夹时注意应采用垫铜皮、开缝轴套或软卡爪。

3. 对于单件加工，一般采用手动平端面，有利于确定长度方向的尺寸。车铸铁时应先车倒角，避免刀尖首先与外皮和砂型接触而产生磨损。工件精度较高时，可按粗精加工交替进行内、外轮廓切削，以保证形位精度。

4. 对于台阶轴的车削应先车直径较大的一端，车槽一般安排在精车后、车螺纹一般安排在最后车削。

5. 内成形面一般不会太复杂，加工工艺常采用“钻→粗镗→精镗”，孔径较小时可采用手动方式或 MDI 方式“钻→铰”加工。

镗削内孔时，注意循环加工的退刀量不要设定过大，防止刀杆碰撞孔壁，另外镗削内孔时还要注意内孔刀具的应用，为了达到尺寸精度和表面粗糙度的要求一般要选择尽可能大的直径刀具，以增强刀具的刚性，防止刀杆颤抖。换刀点的确定要考虑镗刀刀杆的方向和长度，以免换刀时刀具与工件、尾架（可能有钻头）发生干涉。

6. 大锥度锥孔和较深的弧形槽、球窝等加工余量较大的表面加工可采用固定循环编程或子程序编程，一般直孔和小锥度锥孔采用钻孔后两刀镗出即可。较窄内槽采用等宽内槽切刀一刀或两刀切出（槽深时中间退一刀以利于断屑和排屑），宽内槽多采用内槽刀多次切削成型后精镗一刀。切削内沟槽时，进刀采用从孔中心先进 $-Z$ 方向，后进 $+X$ 方向，退刀时先退少量 X，后退 $+Z$ 方向，为防止干涉，退 X 方向时退刀尺寸必要时需计算。

7. 中空工件的刚性一般较差，装夹时应选好定位基准，控制夹紧力大小，以防止工件变形，保证加工精度。因内孔切削条件差于外轮廓切削，故内孔切削用量较切削外轮廓时选取小些（小30%～50%）。但因孔直径较外廓直径小，实际主轴转速可能会比切外轮廓时大。

第二节　内外螺纹对配综合件

【实例】内外配合螺纹零件如图 11-1 所示。

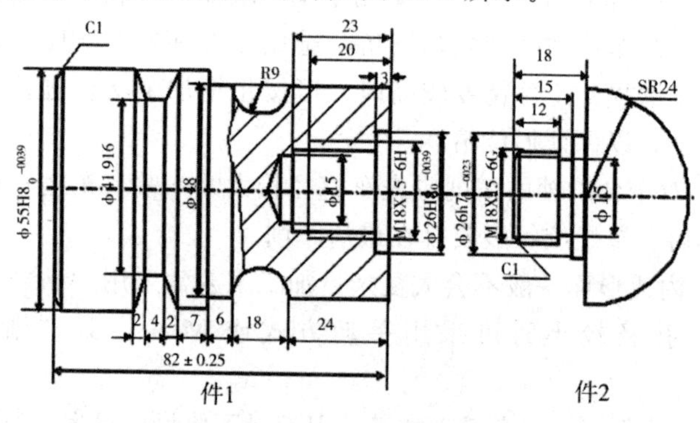

图 11-1　内外配合零件编程图例

（一）加工件2（毛坯：ϕ50×45）

工艺分析

1. 用三爪自动定心卡盘装夹 ϕ50 毛坯外圆，左、右平端面保证长度 40mm，粗、精车左侧外轮廓。

2. 加工左侧退刀槽、螺纹。

3. 确定加工路线，单件手动平左端面（粗、精车外轮廓→切外槽→粗、精车外螺纹→检测。

（二）加工件1（毛坯：ϕ60×84）

工艺分析

1. 用三爪自动定心卡盘装夹 ϕ60 毛坯外圆，粗、精车左端面。

2. 加工外圆 $\phi55H8_{0}^{+0.039}$ 到长度 40mm，切梯形槽。

3. 调头重新装夹加工件 1 右端，保证长度 82±0.25mm。

4. 预钻 ϕ15 孔深 26mm 加工内孔、内螺纹。

5. 确定加工路线。

（1）单件手动平左端面→粗、精车外轮廓→切外梯形槽→检测。

（2）调头重夹单件手动平右端面→钻中心孔 A2/4.25→钻盲孔 ϕ15 孔深 25mm→粗镗内孔→精镗内孔→切内螺纹→检测。

（三）合件加工

1. 在三爪自动定心卡盘上将件 2 旋入件 1 继续加工。

2. 粗、精车外轮廓到 ϕ48～ϕ55 结合处→检测。

3. 确定加工路线合件手动平端面→粗、精车外轮廓→圆弧半径 R1.5 圆弧刀切外圆弧槽→检测。

（四）相关计算

1. 内、外径公差取其中间值（略）。

2. M18×1.5 内螺纹车削的内径尺寸为 18－P＝16.5mm。

3. M18×1.5 外螺纹车削的外径尺寸为 18－0.13P＝17.8mm。

4. 车削外螺纹时底径尺寸为 18－1.08×1.5＝16.38mm。

序一、加工（件 2）左端外形、退刀槽、螺纹

选择刀具与切削用量

表 11-1

工步	工步内容	刀具号	刀具名称	刀具规格 (mm^2)	主轴转速 (r/min)	进给速度 (mm/r)	背吃刀量 (mm)
1	平端面(手控)	T04	机夹 45°端面刀	20×20	800	0.2	手控
2	粗、精车外圆	T01	机夹 90°正偏刀	20×20	800/1 800	0.4/0.15	1.0/0.4
3	切槽(刀宽 3)	T02	外切槽刀	20×20	700	0.05	
4	切外螺纹	T03	机夹 45°	20×20	800		

O1023	主程序名
N10 G28 U0 W0 T0100；	返回参考点、取消 1 号刀补
N20 S500 M03 T0101；	主轴正转、转速 500 r/min 调 1 号刀导入刀补
N30 G00 X50.0 Z1.0；	快进到循环起点
N40 G71 U2.0 R1.0；	加工循环粗车量、X 向回退量
N50 G71 P60 Q110 U0.8 W0.2 F0.4 S800；	粗车循环加工、进给量、转速
N60 G00 G42 X14.0 S1800；	到精车起点处，加右刀补、精车转速
N70 G01 X17.80 Z－1.0 F0.15；	C1 倒角、精车进给量、转速
N80 Z－15.0；	精车 ϕ18 外圆
N90 X25.99；	精车 ϕ18 ～ϕ26 圆环
N100 Z－18.0；	精车 ϕ26 外圆
N110 X50.0；	精车 ϕ26 ～ϕ48 圆环
N120 G70 P60 Q110；	精车循环
N130 G00 G40 X100.0；	X 轴快速回换刀点、取消刀补
N140 Z100.0；	Z 轴快速回换刀点
N150 M05；	主轴停转

N160 T0202；	调用 2 号切槽刀、导入 2 号刀补
N170 S700 M03；	主轴正转转速 700 r/min
N180 G00 X30.0；	X 轴快进到切槽起点
N190 Z－15.0；	Z 轴到切槽起点
N200 G01 X15.0 F0.05；	切槽至 $\phi15$
N210 G04 P2000；	切槽至 $\phi15$
N220 G00 X100.0；	X 轴返回换刀
N230 Z100.0；	Z 轴返回换刀
N240 M05；	主轴停
N250 T0303；	换 3 号螺纹刀、导入 3 号刀补
N260 S800 M03；	主轴正转 800 r/min
N270 G00 X20.0Z2.0；	到螺纹起点
N280 G92 X17.1 Z－13.0 F1.5；	切螺纹第一刀切深 0.7mm
N290 X16.7；	第二刀切深 0.4mm
N300 X16.5；	第三刀切深 0.2mm
N310 X16.38；	第四刀切深 0.12mm
N320 G00 X100.0 Z100.0；	返回换刀点
N330 M02；	主程序结束

序二、加工（件 1）左端外形至梯形槽结束止

选择刀具与切削用量

表 11-2

工步	工步内容	刀具号	刀具名称	刀具规格（mm^2）	主轴转速（r/min）	进给速度（mm/r）	背吃刀量（mm）
1	平端面(手控)	T04	机夹 45°端面刀	20×20	800	0.2	
2	粗、精车外圆	T01	机夹 90°正偏刀	20×20	800/1 800	0.4/0.15	1.0/0.4
3	切槽(刀宽 3)	T02	外切槽刀	20×20	700	0.05	

O1024	程序名
N10 G28 U0 W0 T0100；	返回参考点、取消 1 号刀补
N20 G50 S2000；	主轴限速最大不超过 2 000 r/min
N30 S800 M03 T0101；	主轴正转 800 r/min、导入 1 号刀补
N40 G00 G42 X60.0 Z1.0 M08；	快进至切削循环点、加右刀补、切削液开
N50 G90 X56.0 Z−40.0 F0.4；	切削 φ60 外圆第一刀背吃刀量 2 mm
N60 S1800；	调精车转速 1 800 r/min
N70 G90 X55.02 Z−40.0 F0.15；	第二刀精车背吃刀量 0.49 mm
N80 G00 X65.0 Z1.0；	退刀至倒角处准备切削
N90 X51.0；	快进至倒角入刀点
N100 G01 X55.0 Z−1.0 F0.15；	一次倒角 C1
N110 G00 G40 X100.0 Z100.0；	返回换刀点、取消 1 号刀补
N120 S700 T0202；	调转速 700 r/min、建立 2 号切槽刀坐标
N130 G00 X58.0；	*X* 轴快进至切槽起点
N140 Z−24.0；	*Z* 轴快进至切槽起点
N150 G01 X42.5 F0.05；	车直槽至 φ42.5
N160 G00 X58.0；	*X* 向退刀
N170 W−1.0；	*Z* 向进刀加宽至 1 mm 使槽宽至 4mm
N180 G01 X42.0 F0.05；	车直槽 φ42 至尺寸
N190 W1.0；	*Z* 向进给平移 1mm 精车槽底
N200 G00 X58.0；	*X* 向退刀
N210 Z−19.0；	*Z* 轴快退至左斜面入刀点

N220 G01 X42.0 W−2.0 F0.05; 一次车削左侧斜面
N230 G00 X58.0; X 向退刀
N240 Z−27.0; Z 轴快退至右斜面入刀点
N250 G01 X42.0 W2.0 F0.05; 一次车削右侧 A 斜面
N260 G00 X100.0; X 轴返回换刀点
N270 Z100.0 M09; Z 轴返回换刀点、切削液关
N280 M02; 程序结束

序三、加工（件 1）调头装夹 ϕ55 外圆（垫铜皮）切长度 82mm 加工右端内腔

选择刀具与切削用量

表 11-3

工步	工步内容	刀具号	刀具名称	刀具规格 (mm^2)	主轴转速 (r/min)	进给速度 (mm/r)	背吃刀量 (mm)
1	平端面(手控)	T04	机夹 45°端面刀	20×20	800	0.2	
2	钻孔（手控）		钻头	ϕ14	500		
3	粗、精镗孔	T01	镗孔车刀	12×150×15	800/1 100	0.4/0.15	1.0/0.6
4	内螺纹	T02	内螺纹刀	20×20	800		

O1025 程序名
N10 G28 U0 W0 T0100; 返回参考点、取消刀补
N20 S800 M03; 主轴正转 800 r/min
N30 T0101; 调 1 号刀、导入 1 号刀补
N40 G00 X14.0 Z2.0 M08; 调 1 号刀、导入 1 号刀补
N50 G71 U2.0 R0.5; 设定复合循环的切削深度、退刀量
N60 G71 P70 Q100 U−0.6 W0.1 F0.4 S800; 设定循环的程序段、余量、粗车进给量转速
N70 G00 G41 X26.02 S1100; 到精车起始点，加左刀补、转速

N80 G01 Z－3.0 F0.15；　精加工 ϕ26 内孔、精车进给量
N90 X16.5；　精加工 ϕ26 ～ ϕ16.5 内环面
N100 Z－23.0；　精加工 ϕ16.5 内螺纹孔
N110 G70 P70 Q100；　设定精加工复合循环程序段
N120 G00 X18.0 M09；　X 轴到循环内孔起点位置、切削液关
N130 Z150.0；　Z 轴返回换刀点
N140 M05；　主轴停转
N150 M00；　进给暂停、检测
N160 M03 S800 T0202；　调 2 号刀、主轴正转 800 r/min 导入 2 号刀补
N170 G00 X15.0 Z－1.0 M08；快进到螺纹起刀点、切削液开
N180 G92 X17.0 Z－20.0 F1.5；螺纹车削第一刀切深 0.5 mm
N190 X17.4；　第二刀切深 0.4 mm
N200 X17.8；　第三刀切深 0.4 mm
N210 X18.1；　第四刀切深 0.3 mm
N220 G00 X15.0；　X 轴返回换刀点
N230 Z150；　Z 轴返回换刀点、切削液关
N240 M02；　程序结束并复位

序四、加工（合件）将件 2 旋入件 1 后统一加工零件外轮廓

选择刀具与切削用量

表 11-4

工步	工步内容	刀具号	刀具名称	刀具规格 (mm^2)	主轴转速 (r/min)	进给速度 (mm/r)	背吃刀量 (mm)
1	平端面(手控)	T04	机夹 45°端面刀	20×20	800	0.2	
2	粗、精车外圆	T01	机夹 90°正偏刀	20×20	800/1 800	0.4/0.15	1.0/0.4
3	切圆弧槽 R9	T02	圆弧刀(刀片圆弧半径 1.5mm)	20×20	1200	0.5	2.35

O1026	程序名
N10 G28 U0 W0 T0100；	返回参考点、取消刀补
N20 G99 G97 M03 S500；	米制、取消恒线速度、主轴启动正转 500 r/min
N30 T0101；	调一号刀，加 1 号刀补
N40 G96 S150；	设定主轴恒线速度
N50 G00 X60.0 Z2.0 M08；	到循环起点、切削液开
N60 G71 U2.0 R1.0；	设定循环粗车量、退刀量
N70 G71 P80 Q120 U0.8 W0.1 F0.5 S800；	设循环、粗、精车余量、粗车转速、进给量
N80 G00 G42 X0；	到精车起点、加刀右补
N90 G01 Z0 F0.2 S1800；	到精车 R24 圆弧起点、精车进给量、转速
N100 G03 X48.0 Z—24.0 R24.0；	精车 R24 圆弧
N110 G01 Z—66.0；	精车 ϕ48 外圆
N120 X60.0；	精车 ϕ20 ～ ϕ28 圆环
N130 G70 P80 Q120；	设定精车循环程序段
N140 G00 G40 G97 S500 X100.0；	返回参考点、取消刀补、取消恒线速度
N150 Z100.0；	Z 轴返回换刀点
N160 T0202；	调二号圆弧刀，加 2 号刀补
N170 S1200；	主轴正转
N170 G00 X70.0 Z—49.5；	快进到圆弧槽切削起点
N180 M98 P110454；	调用子程序 11 次、子程序名 0454
N190 G00 X100.0；	*X* 轴返回到换刀点
N200 Z100.0；	*Z* 轴返回到换刀点
N210 M02；	主程序结束

%O0454;　　子程序名

N300 G01 U－3.0 F0.5;　　进到切削起点处，留切削余量

N310 G02 W－15.0 R6.0;　　粗加工 R9 圆弧（应将刀具圆弧半径算进去）

N320 G00 U5.0;　　离开已加工表面退刀

N330 W15.0;　　回到循环起点处

N340 G01 U－6.7 F0.5;　　调整每次循环的切削量

N250 M99;　　子程序结束，并回到主程序

（五）注意事项

1. 根据零件特点，此件因刀具干涉只有在外圆环过渡处接刀，所以加工时应注意找正。

2. 钻孔时要注意，钻头不要偏斜，内槽切削走刀一定要慢。

3. 利用圆弧刀加工零件圆弧时在进刀、切削、退刀计算中一定要把圆弧刀的圆弧半径考虑进去，不用在刀具圆弧补偿中进行补偿。

课题训练

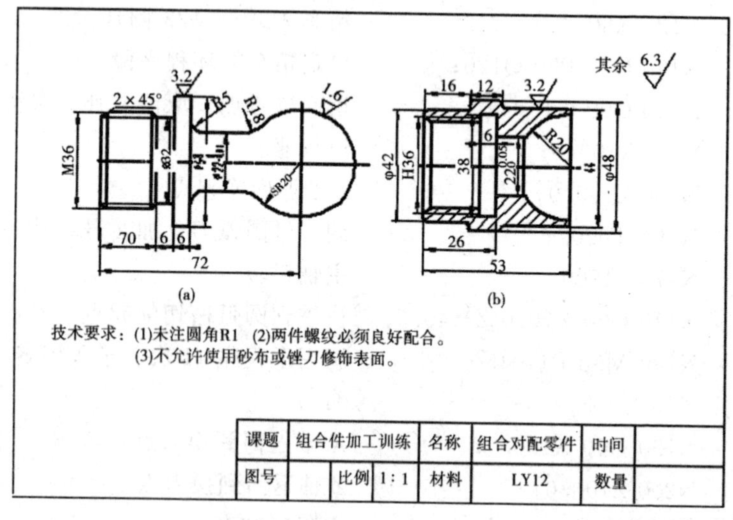

课题十二 数控车床常见故障诊断与排除

目前数控车床都配置具有故障诊断报警功能，当数控系统出现故障时，系统会发出报警信号及一定的故障范围。故障报警诊断遵循一定的规律，需要综合运用各方面的知识进行判断和处理，一般操作者只需要处理与操作有关系的故障与报警问题，通常采用以下方法进行故障诊断与处理。

一、数控车床故障诊断的一般方法

1. 常规电气检查法　主要通过对数控车床的外观检查，电气柜是否有异响，发生在何处，何处出现焦糊味，何处发热异常，何处有异常震动等，就能判断故障发生的主要部分，这也是处理数控系统故障首要的切入点，也是最直接、最行之有效的方法。如电气部分常见的异常声响有电源变压器，阻抗变换器与电抗器等因铁芯松动、锈蚀等原因引起的铁片振动的吱吱声；继电器、接触器等磁回路间隙过大，短路环断裂，动静铁芯或衔铁轴线偏差，线圈欠压运行等原因引起的电磁嗡嗡声或触点接触不好的嗞嗞声以及元器件因过流或过压运行失常引起的击穿爆裂声；伺服电机、气控或液控器件等发生的异常声响基本上和机械故障方面的异常声响相同。

2. 报警观察判断法　利用数控系统的报警功能去观察判断，数控系统中设置有多种硬件报警装置，如在系统主板上、各轴控制板上、电源单元、主轴伺服驱动模块、各轴伺服驱动单元等部件上均有发光二极管或多段数码管，通过指示灯显示状态（如数字、符号等）指示故障所在位置及其类型，数控系统一旦检测到故障，立即将故障以报警的方式显示在 CRT 上或点亮面板上报警指示灯。如误操作报警、有关伺服系统报警、设定错误报警、各种行程开关报警等，处理时可根据报警内容提示来查找问题的症结所在。

3. 状态显示诊断法　利用数控系统状态显示的诊断功能，数控系统不但能将故障诊断信息显示出来，而且能以诊断地址和诊断数据的形式提供诊断的各种状态，可以利用 CRT 画面的状态显示来检查数控系统是否将信号输入到机床，或是机床侧各种主令开关、行程开关等通断触发的开关信号是否按要求正确输入到数控系统中。

4. 系统原理分析法　该方法是排除故障的最基本方法，当前述其他方法难以奏效时，可以从 CNC 系统原理出发，运用万用表、逻辑笔、示波器或逻辑分析仪等，从前往后或从后往前检查相关的信号与正常情况进行对比，从而分析判断故障的原因，再缩小故障范围，直至最后检查出故障的原因。

二、数控车床常见的故障分析

1. 数控机床回零受阻

（1）现象　回参考点不到位，屏幕坐标显示零点位置不对。

（2）原因　行程开关不起作用，碰到急停开关停住，并报警；进行“回零”操作时，刀架位置与参考点太近，导致“回零”失败。

（3）解决　检查行程开关，开关内进水造成短路或开关触点弹性不好造成；移动 X、Z 轴向位置，让刀架离参考点有一定距离，保证“回零”时坐标移动有一个升速距离。

注意：不同生产厂家的机床，零点的设置不同，通常有两种方式，一个硬回零开关，检查挡块或行程开关；另一种是软回零开关，就需要查系统内部的参数设置了。

2. 刀架行程报警

（1）现象　操作某方向轴，位置超过其设计的行程范围，如镗孔时 X 轴负方向行程不够用造成。

（2）原因　操作范围超出车床设定的活动范围。

（3）解决　调整机床的行程范围，如微小范围可调整挡块的位置或调整车床轴参数。

3. 急停不能取消

（1）现象　“急停”报警不能取消。

（2）原因　急停回路没有闭合。

（3）解决　检查超程限位开关的常闭触点；检查急停按钮的常闭触点；检查电源模块故障联锁；检查电源模块是否报警。

4. 刀架转不到位

（1）现象　换刀指令执行后，刀架转位后不能自锁或连续转动不停。

（2）原因　刀架反转指令执行时，继电器不工作造成刀架不能锁紧，或反转延时时间短。

（3）解决　更换继电器；修正 PLC 内延时开关时间长度。

5. 程序通讯传递不通

（1）现象　程序不能传递。

（2）原因　机床侧与 PC 侧的通讯参数设置不一致；通讯线接错。

（3）解决　调整通讯参数，系统主程序与子程序文件不能组成在一个文本文件内，程序结尾须加“%”，易出错报警，如“P/S87”等。

6. 系统不能正常启动

（1）现象　系统不能正常进入操作界面。

（2）原因　文件被破坏、电子盘或硬盘物理损坏。

（3）解决　用软盘运行系统；用杀毒软件检查软件系统；重新安装系统软件、更换电子盘或硬盘、用软盘运行系统。

7. 冷却泵不能输送冷却液

（1）现象　冷却液上不来。

（2）原因　电机缺相或反相；泵底被杂质堵住。

（3）解决　判断电机是否运转，冷却管有无液体上升，若无，检查电机相序；若有，拆除泵体检查，清除杂物。

8. 控制面板死机

（1）现象　按面板上所有的键都没有反应。

（2）原因　“死机”原因一般由主板故障、内存空间不足或系统散热不良而引起的。

（3）解决　检查散热风扇，删除程序。

9. 电源接通后无基本画面显示

（1）现象　监控灯闪烁，黑屏，无任何反应。

（2）原因　电源不正确，亮度太低或太高。

（3）解决　检查电源插座，检查输入电源是否正常，应该为AC24V或DC24V，接线极性是否正确，调整背部的亮度调节旋钮。

10. 数控车床 X、Z 轴向移动时噪声过大

（1）现象　在拖板移动或静止时伴有连续“叽叽”的响声。

（2）原因　电机电流过大和机床的转动惯量不适配或机械磨损严重，阻力大。

（3）解决　调节交流伺服驱动器位置环、速度环、电流环的增益参数；检查轴向支撑丝杠的轴承、滚珠丝杠等部件。

11. 碰撞

（1）现象　刀架与尾座、卡盘、工件等发生碰撞。

（2）原因　在回零、移动坐标轴、取消刀补等情况下，没有正确考虑刀架的运行范围和移动特征。

（3）解决　谨慎操作，如在调试中将倍率调整到较小位置，加工前先进行图形模拟或空运行测试。